# Times Tables (Book 1):
## Comprehensive Memorisation Program with Exercises
## Tables 1–6

Shenouda Makarie

Lifelong Education

1st Edition
2015

Makarie, Shenouda
Times Tables (Book 1): Comprehensive Memorisation Program with Exercises, Tables 1-6

**National Library of Australia Cataloguing-in-Publication entry**
Creator: Makarie, Shenouda, author.
Title: Times tables : comprehensive memorisation program with
exercises. Book 1 / Shenouda Makarie.
ISBN: 9780994283603 (paperback)
Target Audience: For primary school age.
Subjects: Multiplication--Tables--Juvenile literature
Multiplication--Tables--Problems, exercises, etc.
Dewey Number: 513.213

Copyright © 2015 by Shenouda Makarie

All rights reserved. No part of this publication may be reproduced, distributed, or transmitted in any form or by any means, including photocopying, recording, or other electronic or mechanical methods, without the prior written permission of the publisher, except in the case of brief quotations embodied in critical reviews and certain other noncommercial uses permitted by copyright law. For permission requests, write to the publisher, addressed "Attention: Permissions Coordinator," at email address below.

First Printing: 2015
ISBN 978-0-9942836-0-3

Lifelong Education Series
Other Titles available:

> *Times Tables (Book 2): Comprehensive Memorisation Program with Exercises, Tables 7-12*
> *Multiplication & Division (Book 1): Comprehensive Mental Exercises, Tables 1-12*

Sydney, NSW 2000 – Australia
books@lifelongeducation.com.au
For enquiries or further copies of this book, visit: www.lifelongeducation.com.au

# CONTENTS

### 1 TIMES TABLE

    Multiplications ............................................................................. 6
    Divisions ....................................................................................... 22

### 2 TIMES TABLE

    Multiplications ............................................................................. 44
    Divisions ....................................................................................... 60

### 3 TIMES TABLE

    Multiplications ............................................................................. 82
    Divisions ....................................................................................... 98

### REVIEW EXERCISES (1-3) ............................................................ 119

### 4 TIMES TABLE

    Multiplications ............................................................................. 124
    Divisions ....................................................................................... 140

### 5 TIMES TABLE

    Multiplications ............................................................................. 162
    Divisions ....................................................................................... 178

### 6 TIMES TABLE

    Multiplications ............................................................................. 200
    Divisions ....................................................................................... 216

### REVIEW EXERCISES (1-6) ............................................................ 237

### APPENDIX ................................................................................... 246

# IMPORTANT :: HOW TO USE THIS BOOK

This book is a complete, easy to follow, **structured and unique program** with over 4,200 questions that will ensure your child learns their times tables off by heart – *for life!* This highly comprehensive program is set over **2 volumes**, covering the **times tables 1 through to 12**, along with **divisions**. There is also a follow-on book from this series, *Multiplication and Division (Comprehensive Mental Exercises)*, that would further consolidate and enhance your child's knowledge, taking them to the next level.

Each volume is designed to be **completed within 12 weeks,** with short progressive daily exercises to quickly increase the knowledge of the times tables in a highly effective way.

> To get the most out of this book, ensure your child completes in order,
> **at least 2 exercises on a daily basis**
> *once in the morning and once in the evening*

Unlike other books and worksheets, which contain inadequate number of exercises and are purely randomised leaving numbers out, this unique program contains numerous exercises that are carefully designed ensuring all numbers for the relevant times table are included – so no number is ever left out!

The key to learning the times tables is
<u>DAILY STRUCTURED REPETITION</u>!

It is without a doubt that learning the times tables forms a crucial foundation to mathematics in your child's early primary years, on which many other concepts are built upon.

*Take charge now, and with the help of this unique comprehensive program, your child will reap the benefits throughout their school years and beyond.*

# BRIEF EXPLANATION

**Multiplication** is the process of **adding the same number repeatedly**. It is given the mathematical symbol:

The symbol 'x' is called 'TIMES'.

| 4 + 4 + 4 |    | 3 + 3 + 3 + 3 |
|---|---|---|
| **4** x 3 = <u>12</u> |    | **3** x 4 = <u>12</u> |

*Both give you the same answer. So the order does <u>not</u> matter!*

------------------------

**Division** is the process of **splitting** or **sharing** a number into <u>**equal parts**</u>. It is given the mathematical symbol:

Another way to think about division is to imagine it as **subtracting the same number repeatedly**.

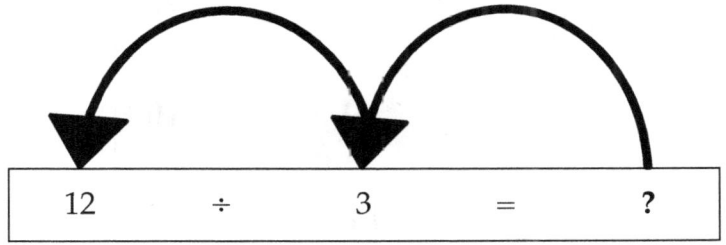

*Starting from the right, ask yourself:*
*'what times 3 gives me 12?'*

The answer is **4**. (4 x 3 = 12)

# STANDARD ORDER

### • 1 Times Table •

**Step 1:** Look and read <u>out loud</u> the times table below – <u>*Repeat*</u> three times

**Step 2:** <u>Cover answers</u> and read out loud, along with your answers. <u>*Repeat*</u> three times

**Step 3:** <u>Write down</u> without looking the complete table on a separate piece of paper. Check answers!

*Note: If you get stuck or get an incorrect answer, start from Step 1 again.*

| | | | | |
|---|---|---|---|---|
| 1 | x | 1 | = | **1** |
| 1 | x | 2 | = | **2** |
| 1 | x | 3 | = | **3** |
| 1 | x | 4 | = | **4** |
| 1 | x | 5 | = | **5** |
| 1 | x | 6 | = | **6** |
| 1 | x | 7 | = | **7** |
| 1 | x | 8 | = | **8** |
| 1 | x | 9 | = | **9** |
| 1 | x | 10 | = | **10** |
| 1 | x | 11 | = | **11** |
| 1 | x | 12 | = | **12** |

# REVERSE ORDER

### • 1 Times Table •

**Step 1:** Look and read <u>out loud</u> the times table below – <u>*Repeat*</u> *three times*

**Step 2:** <u>Cover answers</u> and read out loud, along with your answers. <u>*Repeat*</u> *three times*

**Step 3:** <u>Write down</u> without looking the complete table on a separate piece of paper. *Check answers!*

*Note: If you get stuck or get an incorrect answer, start from Step 1 again.*

| | | | | |
|---|---|---|---|---|
| 1 | x | 12 | = | **12** |
| 1 | x | 11 | = | **11** |
| 1 | x | 10 | = | **10** |
| 1 | x | 9  | = | **9**  |
| 1 | x | 8  | = | **8**  |
| 1 | x | 7  | = | **7**  |
| 1 | x | 6  | = | **6**  |
| 1 | x | 5  | = | **5**  |
| 1 | x | 4  | = | **4**  |
| 1 | x | 3  | = | **3**  |
| 1 | x | 2  | = | **2**  |
| 1 | x | 1  | = | **1**  |

# EXERCISE #1

### • 1 Times Table •

**Step 1:** Complete the exercise below in one session, <u>without stopping</u>
**Step 2:** Check answers using the original *Standard Order* table on page 6
**Step 3:** Once finished <u>say out loud</u> the times table, with eyes *closed*!

*Note: If you get stuck or get an incorrect answer, review times table on 'Standard Order' page.*

| | | |
|---|---|---|
| 1 x 1 = ____ | | 1 x 12 = ____ |
| 1 x 2 = ____ | | 1 x 11 = ____ |
| 1 x 3 = ____ | | 1 x 10 = ____ |
| 1 x 4 = ____ | | 1 x 9 = ____ |
| 1 x 5 = ____ | | 1 x 8 = ____ |
| 1 x 6 = ____ | | 1 x 7 = ____ |
| 1 x 7 = ____ | | 1 x 6 = ____ |
| 1 x 8 = ____ | | 1 x 5 = ____ |
| 1 x 9 = ____ | | 1 x 4 = ____ |
| 1 x 10 = ____ | | 1 x 3 = ____ |
| 1 x 11 = ____ | | 1 x 2 = ____ |
| 1 x 12 = ____ | | 1 x 1 = ____ |

# EXERCISE #2

### • 1 Times Table •

**Step 1:** Complete the exercise below in one session, <u>without stopping</u>
**Step 2:** Check answers using the original *Standard Order* table on page 6
**Step 3:** Once finished <u>say out loud</u> the times table, with eyes *closed*!

*Note: If you get stuck or get an incorrect answer, review times table on 'Standard Order' page.*

| | | | | | | | |
|---|---|---|---|---|---|---|---|
| 1 | x | 12 | = \_\_\_ | 1 | x | 1 | = \_\_\_ |
| 1 | x | 11 | = \_\_\_ | 1 | x | 2 | = \_\_\_ |
| 1 | x | 10 | = \_\_\_ | 1 | x | 3 | = \_\_\_ |
| 1 | x | 9 | = \_\_\_ | 1 | x | 4 | = \_\_\_ |
| 1 | x | 8 | = \_\_\_ | 1 | x | 5 | = \_\_\_ |
| 1 | x | 7 | = \_\_\_ | 1 | x | 6 | = \_\_\_ |
| 1 | x | 6 | = \_\_\_ | 1 | x | 7 | = \_\_\_ |
| 1 | x | 5 | = \_\_\_ | 1 | x | 8 | = \_\_\_ |
| 1 | x | 4 | = \_\_\_ | 1 | x | 9 | = \_\_\_ |
| 1 | x | 3 | = \_\_\_ | 1 | x | 10 | = \_\_\_ |
| 1 | x | 2 | = \_\_\_ | 1 | x | 11 | = \_\_\_ |
| 1 | x | 1 | = \_\_\_ | 1 | x | 12 | = \_\_\_ |

# EXERCISE #3

### • 1 Times Table •

**Step 1:** Complete the exercise below in one session, <u>without stopping</u>
**Step 2:** Check answers using the original *Standard Order* table on page 6
**Step 3:** Once finished <u>say out loud</u> the times table, with eyes *closed*!

*Note: If you get stuck or get an incorrect answer, review times table on 'Standard Order' page.*

| | | |
|---|---|---|
| 1 x 4 = \_\_\_\_ | | 1 x 2 = \_\_\_\_ |
| 1 x 9 = \_\_\_\_ | | 1 x 5 = \_\_\_\_ |
| 1 x 6 = \_\_\_\_ | | 1 x 12 = \_\_\_\_ |
| 1 x 3 = \_\_\_\_ | | 1 x 7 = \_\_\_\_ |
| 1 x 1 = \_\_\_\_ | | 1 x 9 = \_\_\_\_ |
| 1 x 5 = \_\_\_\_ | | 1 x 4 = \_\_\_\_ |
| 1 x 2 = \_\_\_\_ | | 1 x 10 = \_\_\_\_ |
| 1 x 8 = \_\_\_\_ | | 1 x 1 = \_\_\_\_ |
| 1 x 10 = \_\_\_\_ | | 1 x 6 = \_\_\_\_ |
| 1 x 12 = \_\_\_\_ | | 1 x 3 = \_\_\_\_ |
| 1 x 7 = \_\_\_\_ | | 1 x 8 = \_\_\_\_ |
| 1 x 11 = \_\_\_\_ | | 1 x 11 = \_\_\_\_ |

# EXERCISE #4

### • 1 Times Table •

**Step 1:** Complete the exercise below in one session, without stopping
**Step 2:** Check answers using the original *Standard Order* table on page 6
**Step 3:** Once finished say out loud the times table, with eyes *closed*!

*Note: If you get stuck or get an incorrect answer, review times table on 'Standard Order' page.*

| | | |
|---|---|---|
| 1 x 11 = ____ | 1 x 9 = ____ |
| 1 x 3 = ____ | 1 x 4 = ____ |
| 1 x 7 = ____ | 1 x 2 = ____ |
| 1 x 2 = ____ | 1 x 1 = ____ |
| 1 x 6 = ____ | 1 x 11 = ____ |
| 1 x 9 = ____ | 1 x 3 = ____ |
| 1 x 5 = ____ | 1 x 8 = ____ |
| 1 x 1 = ____ | 1 x 5 = ____ |
| 1 x 4 = ____ | 1 x 12 = ____ |
| 1 x 8 = ____ | 1 x 7 = ____ |
| 1 x 10 = ____ | 1 x 10 = ____ |
| 1 x 12 = ____ | 1 x 7 = ____ |

Times Tables (Book 1): Comprehensive Memorisation Program with Exercises

# EXERCISE #5

### • 1 Times Table •

**Step 1:** Complete the exercise below in one session, <u>without stopping</u>
**Step 2:** Check answers using the original *Standard Order* table on page 6
**Step 3:** Once finished <u>say out loud</u> the times table, with eyes *closed*!

*Note: If you get stuck or get an incorrect answer, review times table on 'Standard Order' page.*

| | | |
|---|---|---|
| 1 x 8 = ____ | 1 x 10 = ____ |
| 1 x 11 = ____ | 1 x 11 = ____ |
| 1 x 2 = ____ | 1 x 2 = ____ |
| 1 x 10 = ____ | 1 x 6 = ____ |
| 1 x 7 = ____ | 1 x 4 = ____ |
| 1 x 4 = ____ | 1 x 9 = ____ |
| 1 x 3 = ____ | 1 x 12 = ____ |
| 1 x 12 = ____ | 1 x 7 = ____ |
| 1 x 5 = ____ | 1 x 5 = ____ |
| 1 x 9 = ____ | 1 x 8 = ____ |
| 1 x 1 = ____ | 1 x 1 = ____ |
| 1 x 6 = ____ | 1 x 3 = ____ |

# EXERCISE #6

### • 1 Times Table •

**Step 1:** Complete the exercise below in one session, <u>without stopping</u>
**Step 2:** Check answers using the original *Standard Order* table on page 6
**Step 3:** Once finished <u>say out loud</u> the times table, with eyes *closed*!

*Note: If you get stuck or get an incorrect answer, review times table on 'Standard Order' page.*

| | | | | | | |
|---|---|---|---|---|---|---|
| 1 × 6 = ___ | | 1 × 5 = ___ |
| 1 × 2 = ___ | | 1 × 7 = ___ |
| 1 × 11 = ___ | | 1 × 11 = ___ |
| 1 × 1 = ___ | | 1 × 6 = ___ |
| 1 × 4 = ___ | | 1 × 12 = ___ |
| 1 × 8 = ___ | | 1 × 8 = ___ |
| 1 × 12 = ___ | | 1 × 9 = ___ |
| 1 × 7 = ___ | | 1 × 3 = ___ |
| 1 × 3 = ___ | | 1 × 2 = ___ |
| 1 × 5 = ___ | | 1 × 1 = ___ |
| 1 × 10 = ___ | | 1 × 10 = ___ |
| 1 × 9 = ___ | | 1 × 4 = ___ |

# STOP!

Now, <u>read out loud</u> the **standard** times table below – *Repeat* three times

| | | | | |
|---|---|---|---|---|
| 1 | x | 1  | = | **1**  |
| 1 | x | 2  | = | **2**  |
| 1 | x | 3  | = | **3**  |
| 1 | x | 4  | = | **4**  |
| 1 | x | 5  | = | **5**  |
| 1 | x | 6  | = | **6**  |
| 1 | x | 7  | = | **7**  |
| 1 | x | 8  | = | **8**  |
| 1 | x | 9  | = | **9**  |
| 1 | x | 10 | = | **10** |
| 1 | x | 11 | = | **11** |
| 1 | x | 12 | = | **12** |

Now, <u>read out loud</u> the **reverse** times table below – *Repeat three times*

| | | | | |
|---|---|---|---|---|
| 1 | x | 12 | = | **12** |
| 1 | x | 11 | = | **11** |
| 1 | x | 10 | = | **10** |
| 1 | x | 9 | = | **9** |
| 1 | x | 8 | = | **8** |
| 1 | x | 7 | = | **7** |
| 1 | x | 6 | = | **6** |
| 1 | x | 5 | = | **5** |
| 1 | x | 4 | = | **4** |
| 1 | x | 3 | = | **3** |
| 1 | x | 2 | = | **2** |
| 1 | x | 1 | = | **1** |

# EXERCISE #7

### • 1 Times Table •

**Step 1:** Complete the exercise below in one session, <u>without stopping</u>
**Step 2:** Check answers using the original *Standard Order* table on page 6
**Step 3:** Once finished <u>say out loud</u> the times table, with eyes *closed*!

*Note: If you get stuck or get an incorrect answer, review times table on 'Standard Order' page.*

| | | |
|---|---|---|
| 1 x 1 = ____ | | 1 x 12 = ____ |
| 1 x 2 = ____ | | 1 x 11 = ____ |
| 1 x 3 = ____ | | 1 x 10 = ____ |
| 1 x 4 = ____ | | 1 x 9 = ____ |
| 1 x 5 = ____ | | 1 x 8 = ____ |
| 1 x 6 = ____ | | 1 x 7 = ____ |
| 1 x 7 = ____ | | 1 x 6 = ____ |
| 1 x 8 = ____ | | 1 x 5 = ____ |
| 1 x 9 = ____ | | 1 x 4 = ____ |
| 1 x 10 = ____ | | 1 x 3 = ____ |
| 1 x 11 = ____ | | 1 x 2 = ____ |
| 1 x 12 = ____ | | 1 x 1 = ____ |

# EXERCISE #8

### • 1 Times Table •

**Step 1:** Complete the exercise below in one session, <u>without stopping</u>
**Step 2:** Check answers using the original *Standard Order* table on page 6
**Step 3:** Once finished <u>say out loud</u> the times table, with eyes *closed*!

*Note: If you get stuck or get an incorrect answer, review times table on 'Standard Order' page.*

| | | | | | | |
|---|---|---|---|---|---|---|
| 1 | x | 12 | = \_\_\_\_ | 1 | x | 1 | = \_\_\_\_ |
| 1 | x | 11 | = \_\_\_\_ | 1 | x | 2 | = \_\_\_\_ |
| 1 | x | 10 | = \_\_\_\_ | 1 | x | 3 | = \_\_\_\_ |
| 1 | x | 9 | = \_\_\_\_ | 1 | x | 4 | = \_\_\_\_ |
| 1 | x | 8 | = \_\_\_\_ | 1 | x | 5 | = \_\_\_\_ |
| 1 | x | 7 | = \_\_\_\_ | 1 | x | 6 | = \_\_\_\_ |
| 1 | x | 6 | = \_\_\_\_ | 1 | x | 7 | = \_\_\_\_ |
| 1 | x | 5 | = \_\_\_\_ | 1 | x | 8 | = \_\_\_\_ |
| 1 | x | 4 | = \_\_\_\_ | 1 | x | 9 | = \_\_\_\_ |
| 1 | x | 3 | = \_\_\_\_ | 1 | x | 10 | = \_\_\_\_ |
| 1 | x | 2 | = \_\_\_\_ | 1 | x | 11 | = \_\_\_\_ |
| 1 | x | 1 | = \_\_\_\_ | 1 | x | 12 | = \_\_\_\_ |

# EXERCISE #9

### • 1 Times Table •

**Step 1:** Complete the exercise below in one session, without stopping
**Step 2:** Check answers using the original *Standard Order* table on page 6
**Step 3:** Once finished say out loud the times table, with eyes *closed*!

*Note: If you get stuck or get an incorrect answer, review times table on 'Standard Order' page.*

| | | | | | | | |
|---|---|---|---|---|---|---|---|
| 1 | x | 3 | = | ___ | 1 | x | 7 | = | ___ |
| 1 | x | 8 | = | ___ | 1 | x | 12 | = | ___ |
| 1 | x | 5 | = | ___ | 1 | x | 3 | = | ___ |
| 1 | x | 1 | = | ___ | 1 | x | 9 | = | ___ |
| 1 | x | 12 | = | ___ | 1 | x | 11 | = | ___ |
| 1 | x | 9 | = | ___ | 1 | x | 1 | = | ___ |
| 1 | x | 4 | = | ___ | 1 | x | 4 | = | ___ |
| 1 | x | 7 | = | ___ | 1 | x | 6 | = | ___ |
| 1 | x | 10 | = | ___ | 1 | x | 8 | = | ___ |
| 1 | x | 2 | = | ___ | 1 | x | 10 | = | ___ |
| 1 | x | 11 | = | ___ | 1 | x | 2 | = | ___ |
| 1 | x | 6 | = | ___ | 1 | x | 5 | = | ___ |

# EXERCISE #10

### • 1 Times Table •

**Step 1:** Complete the exercise below in one session, <u>without stopping</u>
**Step 2:** Check answers using the original *Standard Order* table on page 6
**Step 3:** Once finished <u>say out loud</u> the times table, with eyes *closed*!

*Note: If you get stuck or get an incorrect answer, review times table on 'Standard Order' page.*

| | | |
|---|---|---|
| 1 x 8 = ___ | | 1 x 5 = ___ |
| 1 x 7 = ___ | | 1 x 1 = ___ |
| 1 x 1 = ___ | | 1 x 6 = ___ |
| 1 x 4 = ___ | | 1 x 12 = ___ |
| 1 x 6 = ___ | | 1 x 3 = ___ |
| 1 x 2 = ___ | | 1 x 4 = ___ |
| 1 x 5 = ___ | | 1 x 2 = ___ |
| 1 x 12 = ___ | | 1 x 7 = ___ |
| 1 x 3 = ___ | | 1 x 10 = ___ |
| 1 x 10 = ___ | | 1 x 9 = ___ |
| 1 x 11 = ___ | | 1 x 9 = ___ |
| 1 x 9 = ___ | | 1 x 11 = ___ |

Times Tables (Book 1): Comprehensive Memorisation Program with Exercises

# EXERCISE #11

### • 1 Times Table •

**Step 1:** Complete the exercise below in one session, <u>without stopping</u>
**Step 2:** Check answers using the original *Standard Order* table on page 6
**Step 3:** Once finished <u>say out loud</u> the times table, with eyes *closed*!

*Note: If you get stuck or get an incorrect answer, review times table on 'Standard Order' page.*

| | | |
|---|---|---|
| 1 x 6 = ____ | | 1 x 4 = ____ |
| 1 x 1 = ____ | | 1 x 11 = ____ |
| 1 x 3 = ____ | | 1 x 6 = ____ |
| 1 x 10 = ____ | | 1 x 1 = ____ |
| 1 x 2 = ____ | | 1 x 10 = ____ |
| 1 x 8 = ____ | | 1 x 9 = ____ |
| 1 x 11 = ____ | | 1 x 12 = ____ |
| 1 x 4 = ____ | | 1 x 7 = ____ |
| 1 x 9 = ____ | | 1 x 2 = ____ |
| 1 x 5 = ____ | | 1 x 8 = ____ |
| 1 x 12 = ____ | | 1 x 5 = ____ |
| 1 x 7 = ____ | | 1 x 3 = ____ |

# EXERCISE # 12

### • 1 Times Table •

**Step 1:** Complete the exercise below in one session, <u>without stopping</u>
**Step 2:** Check answers using the original *Standard Order* table on page 6
**Step 3:** Once finished <u>say out loud</u> the times table, with eyes *closed*!

*Note: If you get stuck or get an incorrect answer, review times table on 'Standard Order' page.*

| | | |
|---|---|---|
| 1 x 9 = \_\_\_ | | 1 x 2 = \_\_\_ |
| 1 x 1 = \_\_\_ | | 1 x 8 = \_\_\_ |
| 1 x 2 = \_\_\_ | | 1 x 9 = \_\_\_ |
| 1 x 12 = \_\_\_ | | 1 x 3 = \_\_\_ |
| 1 x 6 = \_\_\_ | | 1 x 4 = \_\_\_ |
| 1 x 3 = \_\_\_ | | 1 x 7 = \_\_\_ |
| 1 x 11 = \_\_\_ | | 1 x 5 = \_\_\_ |
| 1 x 5 = \_\_\_ | | 1 x 6 = \_\_\_ |
| 1 x 10 = \_\_\_ | | 1 x 11 = \_\_\_ |
| 1 x 7 = \_\_\_ | | 1 x 1 = \_\_\_ |
| 1 x 8 = \_\_\_ | | 1 x 10 = \_\_\_ |
| 1 x 4 = \_\_\_ | | 1 x 12 = \_\_\_ |

# STANDARD ORDER

## • 1 Divisions Table •

**Step 1:** Look and read <u>out loud</u> the division table below – *Repeat* three times

**Step 2:** <u>Cover answers</u> and read out loud, along with your answers. *Repeat* three times

**Step 3:** <u>Write down</u> without looking the complete table on a separate piece of paper. *Check answers!*

*Note: If you get stuck or get an incorrect answer, start from Step 1 again.*

$$1 \div 1 = 1$$
$$2 \div 1 = 2$$
$$3 \div 1 = 3$$
$$4 \div 1 = 4$$
$$5 \div 1 = 5$$
$$6 \div 1 = 6$$
$$7 \div 1 = 7$$
$$8 \div 1 = 8$$
$$9 \div 1 = 9$$
$$10 \div 1 = 10$$
$$11 \div 1 = 11$$
$$12 \div 1 = 12$$

# REVERSE ORDER

### • 1 Divisions Table •

**Step 1:** Look and read <u>out loud</u> the divisions below – *Repeat* three times
**Step 2:** <u>Cover answers</u> and read out loud, along with your answers. *Repeat* three times
**Step 3:** <u>Write down</u> without looking the complete table on a separate piece of paper. *Check answers!*

*Note: If you get stuck or get an incorrect answer, start from Step 1 again.*

| | | | | |
|---|---|---|---|---|
| **12** | ÷ | 1 | = | 12 |
| **11** | ÷ | 1 | = | 11 |
| **10** | ÷ | 1 | = | 10 |
| **9** | ÷ | 1 | = | 9 |
| **8** | ÷ | 1 | = | 8 |
| **7** | ÷ | 1 | = | 7 |
| **6** | ÷ | 1 | = | 6 |
| **5** | ÷ | 1 | = | 5 |
| **4** | ÷ | 1 | = | 4 |
| **3** | ÷ | 1 | = | 3 |
| **2** | ÷ | 1 | = | 2 |
| **1** | ÷ | 1 | = | 1 |

Times Tables (Book 1): Comprehensive Memorisation Program with Exercises

# EXERCISE #13

## • 1 Divisions Table •

**Step 1:** Complete the exercise below in one session, <u>without stopping</u>
**Step 2:** Check answers using the original *Standard Order* table on page 22
**Step 3:** Once finished <u>say out loud</u> the divisions, with eyes *closed*!

*Note: If you get stuck or get an incorrect answer, review divisions on 'Standard Order' page.*

| | |
|---|---|
| 1 ÷ 1 = ____ | 12 ÷ 1 = ____ |
| 2 ÷ 1 = ____ | 11 ÷ 1 = ____ |
| 3 ÷ 1 = ____ | 10 ÷ 1 = ____ |
| 4 ÷ 1 = ____ | 9 ÷ 1 = ____ |
| 5 ÷ 1 = ____ | 8 ÷ 1 = ____ |
| 6 ÷ 1 = ____ | 7 ÷ 1 = ____ |
| 7 ÷ 1 = ____ | 6 ÷ 1 = ____ |
| 8 ÷ 1 = ____ | 5 ÷ 1 = ____ |
| 9 ÷ 1 = ____ | 4 ÷ 1 = ____ |
| 10 ÷ 1 = ____ | 3 ÷ 1 = ____ |
| 11 ÷ 1 = ____ | 2 ÷ 1 = ____ |
| 12 ÷ 1 = ____ | 1 ÷ 1 = ____ |

# EXERCISE #14

### • 1 Divisions Table •

**Step 1:** Complete the exercise below in one session, <u>without stopping</u>
**Step 2:** Check answers using the original *Standard Order* table on page 22
**Step 3:** Once finished <u>say out loud</u> the divisions, with eyes *closed*!

*Note: If you get stuck or get an incorrect answer, review divisions on 'Standard Order' page.*

| 12 ÷ 1 = ____ | 1 ÷ 1 = ____ |
|---|---|
| 11 ÷ 1 = ____ | 2 ÷ 1 = ____ |
| 10 ÷ 1 = ____ | 3 ÷ 1 = ____ |
| 9 ÷ 1 = ____ | 4 ÷ 1 = ____ |
| 8 ÷ 1 = ____ | 5 ÷ 1 = ____ |
| 7 ÷ 1 = ____ | 6 ÷ 1 = ____ |
| 6 ÷ 1 = ____ | 7 ÷ 1 = ____ |
| 5 ÷ 1 = ____ | 8 ÷ 1 = ____ |
| 4 ÷ 1 = ____ | 9 ÷ 1 = ____ |
| 3 ÷ 1 = ____ | 10 ÷ 1 = ____ |
| 2 ÷ 1 = ____ | 11 ÷ 1 = ____ |
| 1 ÷ 1 = ____ | 12 ÷ 1 = ____ |

# EXERCISE #15

### • 1 Divisions Table •

**Step 1:** Complete the exercise below in one session, <u>without stopping</u>
**Step 2:** Check answers using the original *Standard Order* table on page 22
**Step 3:** Once finished <u>say out loud</u> the divisions, with eyes *closed*!

*Note: If you get stuck or get an incorrect answer, review divisions on 'Standard Order' page.*

| | | |
|---|---|---|
| 4 ÷ 1 = \_\_\_\_ | | 2 ÷ 1 = \_\_\_\_ |
| 9 ÷ 1 = \_\_\_\_ | | 5 ÷ 1 = \_\_\_\_ |
| 6 ÷ 1 = \_\_\_\_ | | 12 ÷ 1 = \_\_\_\_ |
| 3 ÷ 1 = \_\_\_\_ | | 7 ÷ 1 = \_\_\_\_ |
| 1 ÷ 1 = \_\_\_\_ | | 9 ÷ 1 = \_\_\_\_ |
| 5 ÷ 1 = \_\_\_\_ | | 4 ÷ 1 = \_\_\_\_ |
| 2 ÷ 1 = \_\_\_\_ | | 10 ÷ 1 = \_\_\_\_ |
| 8 ÷ 1 = \_\_\_\_ | | 1 ÷ 1 = \_\_\_\_ |
| 10 ÷ 1 = \_\_\_\_ | | 6 ÷ 1 = \_\_\_\_ |
| 12 ÷ 1 = \_\_\_\_ | | 3 ÷ 1 = \_\_\_\_ |
| 7 ÷ 1 = \_\_\_\_ | | 8 ÷ 1 = \_\_\_\_ |
| 11 ÷ 1 = \_\_\_\_ | | 11 ÷ 1 = \_\_\_\_ |

# EXERCISE #16

### • 1 Divisions Table •

**Step 1:** Complete the exercise below in one session, <u>without stopping</u>
**Step 2:** Check answers using the original *Standard Order* table on page 22
**Step 3:** Once finished <u>say out loud</u> the divisions, with eyes *closed*!

*Note: If you get stuck or get an incorrect answer, review divisions on 'Standard Order' page.*

| | | |
|---|---|---|
| 11 ÷ 1 = ____ | | 9 ÷ 1 = ____ |
| 3 ÷ 1 = ____ | | 4 ÷ 1 = ____ |
| 7 ÷ 1 = ____ | | 2 ÷ 1 = ____ |
| 2 ÷ 1 = ____ | | 1 ÷ 1 = ____ |
| 6 ÷ 1 = ____ | | 11 ÷ 1 = ____ |
| 9 ÷ 1 = ____ | | 3 ÷ 1 = ____ |
| 5 ÷ 1 = ____ | | 8 ÷ 1 = ____ |
| 1 ÷ 1 = ____ | | 5 ÷ 1 = ____ |
| 4 ÷ 1 = ____ | | 12 ÷ 1 = ____ |
| 8 ÷ 1 = ____ | | 7 ÷ 1 = ____ |
| 10 ÷ 1 = ____ | | 10 ÷ 1 = ____ |
| 12 ÷ 1 = ____ | | 7 ÷ 1 = ____ |

# EXERCISE #17

### • 1 Divisions Table •

**Step 1:** Complete the exercise below in one session, <u>without stopping</u>
**Step 2:** Check answers using the original *Standard Order* table on page 22
**Step 3:** Once finished <u>say out loud</u> the divisions, with eyes *closed*!

*Note: If you get stuck or get an incorrect answer, review divisions on 'Standard Order' page.*

| | |
|---|---|
| 7 ÷ 1 = ____ | 4 ÷ 1 = ____ |
| 11 ÷ 1 = ____ | 9 ÷ 1 = ____ |
| 3 ÷ 1 = ____ | 5 ÷ 1 = ____ |
| 9 ÷ 1 = ____ | 2 ÷ 1 = ____ |
| 8 ÷ 1 = ____ | 10 ÷ 1 = ____ |
| 1 ÷ 1 = ____ | 6 ÷ 1 = ____ |
| 4 ÷ 1 = ____ | 1 ÷ 1 = ____ |
| 12 ÷ 1 = ____ | 3 ÷ 1 = ____ |
| 5 ÷ 1 = ____ | 12 ÷ 1 = ____ |
| 2 ÷ 1 = ____ | 8 ÷ 1 = ____ |
| 10 ÷ 1 = ____ | 7 ÷ 1 = ____ |
| 6 ÷ 1 = ____ | 11 ÷ 1 = ____ |

# EXERCISE #18

### • 1 Divisions Table •

**Step 1:** Complete the exercise below in one session, <u>without stopping</u>
**Step 2:** Check answers using the original *Standard Order* table on page 22
**Step 3:** Once finished <u>say out loud</u> the divisions, with eyes *closed*!

*Note: If you get stuck or get an incorrect answer, review divisions on 'Standard Order' page.*

| | | |
|---|---|---|
| 6 ÷ 1 = \_\_\_\_ | | 10 ÷ 1 = \_\_\_\_ |
| 4 ÷ 1 = \_\_\_\_ | | 7 ÷ 1 = \_\_\_\_ |
| 3 ÷ 1 = \_\_\_\_ | | 9 ÷ 1 = \_\_\_\_ |
| 8 ÷ 1 = \_\_\_\_ | | 8 ÷ 1 = \_\_\_\_ |
| 1 ÷ 1 = \_\_\_\_ | | 3 ÷ 1 = \_\_\_\_ |
| 11 ÷ 1 = \_\_\_\_ | | 4 ÷ 1 = \_\_\_\_ |
| 2 ÷ 1 = \_\_\_\_ | | 6 ÷ 1 = \_\_\_\_ |
| 7 ÷ 1 = \_\_\_\_ | | 5 ÷ 1 = \_\_\_\_ |
| 12 ÷ 1 = \_\_\_\_ | | 2 ÷ 1 = \_\_\_\_ |
| 9 ÷ 1 = \_\_\_\_ | | 12 ÷ 1 = \_\_\_\_ |
| 10 ÷ 1 = \_\_\_\_ | | 1 ÷ 1 = \_\_\_\_ |
| 5 ÷ 1 = \_\_\_\_ | | 11 ÷ 1 = \_\_\_\_ |

# STOP!

Now, read out loud the divisions below – *Repeat* three times

| | | | | |
|---|---|---|---|---|
| **1** | ÷ | 1 | = | 1 |
| **2** | ÷ | 1 | = | 2 |
| **3** | ÷ | 1 | = | 3 |
| **4** | ÷ | 1 | = | 4 |
| **5** | ÷ | 1 | = | 5 |
| **6** | ÷ | 1 | = | 6 |
| **7** | ÷ | 1 | = | 7 |
| **8** | ÷ | 1 | = | 8 |
| **9** | ÷ | 1 | = | 9 |
| **10** | ÷ | 1 | = | 10 |
| **11** | ÷ | 1 | = | 11 |
| **12** | ÷ | 1 | = | 12 |

# 1

Now, <u>read out loud</u> the **reverse** divisions below – *Repeat three times*

| | | | | |
|---|---|---|---|---|
| **12** | ÷ | 1 | = | 12 |
| **11** | ÷ | 1 | = | 11 |
| **10** | ÷ | 1 | = | 10 |
| **9** | ÷ | 1 | = | 9 |
| **8** | ÷ | 1 | = | 8 |
| **7** | ÷ | 1 | = | 7 |
| **6** | ÷ | 1 | = | 6 |
| **5** | ÷ | 1 | = | 5 |
| **4** | ÷ | 1 | = | 4 |
| **3** | ÷ | 1 | = | 3 |
| **2** | ÷ | 1 | = | 2 |
| **1** | ÷ | 1 | = | 1 |

# EXERCISE #19

### • 1 Divisions Table •

**Step 1:** Complete the exercise below in one session, <u>without stopping</u>
**Step 2:** Check answers using the original *Standard Order* table on page 22
**Step 3:** Once finished <u>say out loud</u> the divisions, with eyes *closed*!

*Note: If you get stuck or get an incorrect answer, review divisions on 'Standard Order' page.*

| | |
|---|---|
| 1 ÷ 1 = \_\_\_\_ | 12 ÷ 1 = \_\_\_\_ |
| 2 ÷ 1 = \_\_\_\_ | 11 ÷ 1 = \_\_\_\_ |
| 3 ÷ 1 = \_\_\_\_ | 10 ÷ 1 = \_\_\_\_ |
| 4 ÷ 1 = \_\_\_\_ | 9 ÷ 1 = \_\_\_\_ |
| 5 ÷ 1 = \_\_\_\_ | 8 ÷ 1 = \_\_\_\_ |
| 6 ÷ 1 = \_\_\_\_ | 7 ÷ 1 = \_\_\_\_ |
| 7 ÷ 1 = \_\_\_\_ | 6 ÷ 1 = \_\_\_\_ |
| 8 ÷ 1 = \_\_\_\_ | 5 ÷ 1 = \_\_\_\_ |
| 9 ÷ 1 = \_\_\_\_ | 4 ÷ 1 = \_\_\_\_ |
| 10 ÷ 1 = \_\_\_\_ | 3 ÷ 1 = \_\_\_\_ |
| 11 ÷ 1 = \_\_\_\_ | 2 ÷ 1 = \_\_\_\_ |
| 12 ÷ 1 = \_\_\_\_ | 1 ÷ 1 = \_\_\_\_ |

# EXERCISE # 20

### • 1 Divisions Table •

**Step 1:** Complete the exercise below in one session, <u>without stopping</u>
**Step 2:** Check answers using the original *Standard Order* table on page 22
**Step 3:** Once finished <u>say out loud</u> the divisions, with eyes *closed*!

*Note: If you get stuck or get an incorrect answer, review divisions on 'Standard Order' page.*

| | | | | | | | |
|---|---|---|---|---|---|---|---|
| 12 | ÷ | 1 | = ____ | 1 | ÷ | 1 | = ____ |
| 11 | ÷ | 1 | = ____ | 2 | ÷ | 1 | = ____ |
| 10 | ÷ | 1 | = ____ | 3 | ÷ | 1 | = ____ |
| 9 | ÷ | 1 | = ____ | 4 | ÷ | 1 | = ____ |
| 8 | ÷ | 1 | = ____ | 5 | ÷ | 1 | = ____ |
| 7 | ÷ | 1 | = ____ | 6 | ÷ | 1 | = ____ |
| 6 | ÷ | 1 | = ____ | 7 | ÷ | 1 | = ____ |
| 5 | ÷ | 1 | = ____ | 8 | ÷ | 1 | = ____ |
| 4 | ÷ | 1 | = ____ | 9 | ÷ | 1 | = ____ |
| 3 | ÷ | 1 | = ____ | 10 | ÷ | 1 | = ____ |
| 2 | ÷ | 1 | = ____ | 11 | ÷ | 1 | = ____ |
| 1 | ÷ | 1 | = ____ | 12 | ÷ | 1 | = ____ |

# EXERCISE # 21

### • 1 Divisions Table •

**Step 1:** Complete the exercise below in one session, <u>without stopping</u>
**Step 2:** Check answers using the original *Standard Order* table on page 22
**Step 3:** Once finished <u>say out loud</u> the divisions, with eyes *closed*!

*Note: If you get stuck or get an incorrect answer, review divisions on 'Standard Order' page.*

| | |
|---|---|
| 3 ÷ 1 = \_\_\_\_ | 7 ÷ 1 = \_\_\_\_ |
| 8 ÷ 1 = \_\_\_\_ | 12 ÷ 1 = \_\_\_\_ |
| 5 ÷ 1 = \_\_\_\_ | 3 ÷ 1 = \_\_\_\_ |
| 1 ÷ 1 = \_\_\_\_ | 9 ÷ 1 = \_\_\_\_ |
| 12 ÷ 1 = \_\_\_\_ | 11 ÷ 1 = \_\_\_\_ |
| 9 ÷ 1 = \_\_\_\_ | 1 ÷ 1 = \_\_\_\_ |
| 4 ÷ 1 = \_\_\_\_ | 4 ÷ 1 = \_\_\_\_ |
| 7 ÷ 1 = \_\_\_\_ | 6 ÷ 1 = \_\_\_\_ |
| 10 ÷ 1 = \_\_\_\_ | 8 ÷ 1 = \_\_\_\_ |
| 2 ÷ 1 = \_\_\_\_ | 10 ÷ 1 = \_\_\_\_ |
| 11 ÷ 1 = \_\_\_\_ | 2 ÷ 1 = \_\_\_\_ |
| 6 ÷ 1 = \_\_\_\_ | 5 ÷ 1 = \_\_\_\_ |

# EXERCISE # 22

### • 1 Divisions Table •

**Step 1:** Complete the exercise below in one session, without stopping
**Step 2:** Check answers using the original *Standard Order* table on page 22
**Step 3:** Once finished say out loud the divisions, with eyes *closed*!

*Note: If you get stuck or get an incorrect answer, review divisions on 'Standard Order' page.*

| | |
|---|---|
| 8 ÷ 1 = ____ | 5 ÷ 1 = ____ |
| 7 ÷ 1 = ____ | 1 ÷ 1 = ____ |
| 1 ÷ 1 = ____ | 6 ÷ 1 = ____ |
| 4 ÷ 1 = ____ | 12 ÷ 1 = ____ |
| 6 ÷ 1 = ____ | 3 ÷ 1 = ____ |
| 2 ÷ 1 = ____ | 4 ÷ 1 = ____ |
| 5 ÷ 1 = ____ | 2 ÷ 1 = ____ |
| 12 ÷ 1 = ____ | 7 ÷ 1 = ____ |
| 3 ÷ 1 = ____ | 10 ÷ 1 = ____ |
| 10 ÷ 1 = ____ | 9 ÷ 1 = ____ |
| 11 ÷ 1 = ____ | 9 ÷ 1 = ____ |
| 9 ÷ 1 = ____ | 11 ÷ 1 = ____ |

Times Tables (Book 1): Comprehensive Memorisation Program with Exercises

# EXERCISE # 23

### • 1 Divisions Table •

**Step 1:** Complete the exercise below in one session, <u>without stopping</u>
**Step 2:** Check answers using the original *Standard Order* table on page 22
**Step 3:** Once finished <u>say out loud</u> the divisions, with eyes *closed*!

*Note: If you get stuck or get an incorrect answer, review divisions on 'Standard Order' page.*

| | |
|---|---|
| 2 ÷ 1 = ____ | 7 ÷ 1 = ____ |
| 7 ÷ 1 = ____ | 12 ÷ 1 = ____ |
| 8 ÷ 1 = ____ | 6 ÷ 1 = ____ |
| 10 ÷ 1 = ____ | 10 ÷ 1 = ____ |
| 6 ÷ 1 = ____ | 2 ÷ 1 = ____ |
| 9 ÷ 1 = ____ | 4 ÷ 1 = ____ |
| 11 ÷ 1 = ____ | 11 ÷ 1 = ____ |
| 1 ÷ 1 = ____ | 9 ÷ 1 = ____ |
| 12 ÷ 1 = ____ | 3 ÷ 1 = ____ |
| 4 ÷ 1 = ____ | 8 ÷ 1 = ____ |
| 5 ÷ 1 = ____ | 5 ÷ 1 = ____ |
| 3 ÷ 1 = ____ | 1 ÷ 1 = ____ |

# EXERCISE #24

### • 1 Divisions Table •

**Step 1:** Complete the exercise below in one session, <u>without stopping</u>
**Step 2:** Check answers using the original *Standard Order* table on page 22
**Step 3:** Once finished <u>say out loud</u> the divisions, with eyes *closed*!

*Note: If you get stuck or get an incorrect answer, review divisions on 'Standard Order' page.*

| | | |
|---|---|---|
| 6 ÷ 1 = ____ | | 8 ÷ 1 = ____ |
| 10 ÷ 1 = ____ | | 5 ÷ 1 = ____ |
| 3 ÷ 1 = ____ | | 1 ÷ 1 = ____ |
| 1 ÷ 1 = ____ | | 3 ÷ 1 = ____ |
| 11 ÷ 1 = ____ | | 9 ÷ 1 = ____ |
| 9 ÷ 1 = ____ | | 7 ÷ 1 = ____ |
| 2 ÷ 1 = ____ | | 2 ÷ 1 = ____ |
| 8 ÷ 1 = ____ | | 6 ÷ 1 = ____ |
| 5 ÷ 1 = ____ | | 11 ÷ 1 = ____ |
| 7 ÷ 1 = ____ | | 4 ÷ 1 = ____ |
| 12 ÷ 1 = ____ | | 12 ÷ 1 = ____ |
| 4 ÷ 1 = ____ | | 10 ÷ 1 = ____ |

# EXERCISE # 25

## • 1 Multiplications & Divisions •

**Step 1:** Complete the exercise below in one session, <u>without stopping</u>
**Step 2:** Check answers using the original *Standard Order* table on pages 6 & 22

*Note: If you get stuck or get an incorrect answer, review table on 'Standard Order' pages.*

| | | |
|---|---|---|
| 6 ÷ 1 = ____ | | 1 ÷ 1 = ____ |
| 1 x 12 = ____ | | 8 ÷ 1 = ____ |
| 4 ÷ 1 = ____ | | 1 x 7 = ____ |
| 11 ÷ 1 = ____ | | 1 x 5 = ____ |
| 1 x 6 = ____ | | 9 ÷ 1 = ____ |
| 1 x 4 = ____ | | 1 x 10 = ____ |
| 12 ÷ 1 = ____ | | 5 ÷ 1 = ____ |
| 7 ÷ 1 = ____ | | 1 x 8 = ____ |
| 2 ÷ 1 = ____ | | 1 x 9 = ____ |
| 10 ÷ 1 = ____ | | 1 x 1 = ____ |
| 3 ÷ 1 = ____ | | 1 x 11 = ____ |
| 1 x 2 = ____ | | 1 x 3 = ____ |

# EXERCISE # 26

### • 1 Multiplications & Divisions •

**Step 1:** Complete the exercise below in one session, <u>without stopping</u>
**Step 2:** Check answers using the original *Standard Order* table on pages 6 & 22

*Note: If you get stuck or get an incorrect answer, review table on 'Standard Order' pages.*

| | | |
|---|---|---|
| 1 × 11 = ___ | 12 ÷ 1 = ___ |
| 1 × 2 = ___ | 1 × 7 = ___ |
| 6 ÷ 1 = ___ | 10 ÷ 1 = ___ |
| 1 × 1 = ___ | 4 ÷ 1 = ___ |
| 1 × 12 = ___ | 8 ÷ 1 = ___ |
| 3 ÷ 1 = ___ | 1 ÷ 1 = ___ |
| 9 ÷ 1 = ___ | 1 × 8 = ___ |
| 1 × 9 = ___ | 1 × 10 = ___ |
| 7 ÷ 1 = ___ | 1 × 4 = ___ |
| 2 ÷ 1 = ___ | 1 × 5 = ___ |
| 5 ÷ 1 = ___ | 1 × 6 = ___ |
| 1 × 11 = ___ | 1 × 3 = ___ |

# EXERCISE #27

### • 1 Multiplications & Divisions •

**Step 1:** Complete the exercise below in one session, <u>without stopping</u>
**Step 2:** Check answers using the original *Standard Order* table on pages 6 & 22

*Note: If you get stuck or get an incorrect answer, review table on 'Standard Order'.*

| | |
|---|---|
| 10 ÷ 1 = \_\_\_\_ | 1 x 10 = \_\_\_\_ |
| 1 x 3 = \_\_\_\_ | 1 x 8 = \_\_\_\_ |
| 1 x 6 = \_\_\_\_ | 5 ÷ 1 = \_\_\_\_ |
| 7 ÷ 1 = \_\_\_\_ | 2 ÷ 1 = \_\_\_\_ |
| 1 x 9 = \_\_\_\_ | 6 ÷ 1 = \_\_\_\_ |
| 1 x 12 = \_\_\_\_ | 4 ÷ 1 = \_\_\_\_ |
| 8 ÷ 1 = \_\_\_\_ | 3 ÷ 1 = \_\_\_\_ |
| 1 x 5 = \_\_\_\_ | 1 x 11 = \_\_\_\_ |
| 1 x 4 = \_\_\_\_ | 1 x 1 = \_\_\_\_ |
| 12 ÷ 1 = \_\_\_\_ | 1 x 2 = \_\_\_\_ |
| 1 x 7 = \_\_\_\_ | 9 ÷ 1 = \_\_\_\_ |
| 10 ÷ 1 = \_\_\_\_ | 11 ÷ 1 = \_\_\_\_ |

# EXERCISE #28

### • 1 Multiplications & Divisions •

**Step 1:** Complete the exercise below in one session, <u>without stopping</u>
**Step 2:** Check answers using the original *Standard Order* table on pages 6 & 22

*Note: If you get stuck or get an incorrect answer, review table on 'Standard Order' pages.*

| | | |
|---|---|---|
| 3 ÷ 1 = ____ | 1 x 12 = ____ |
| 1 x 9 = ____ | 1 x 1 = ____ |
| 1 x 5 = ____ | 1 x 4 = ____ |
| 12 ÷ 1 = ____ | 6 ÷ 1 = ____ |
| 2 ÷ 1 = ____ | 9 ÷ 1 = ____ |
| 1 x 6 = ____ | 8 ÷ 1 = ____ |
| 1 x 3 = ____ | 1 x 11 = ____ |
| 1 x 10 = ____ | 1 x 7 = ____ |
| 7 ÷ 1 = ____ | 1 x 8 = ____ |
| 10 ÷ 1 = ____ | 11 ÷ 1 = ____ |
| 4 ÷ 1 = ____ | 1 x 2 = ____ |
| 3 ÷ 1 = ____ | 1 ÷ 1 = ____ |

Times Tables (Book 1): Comprehensive Memorisation Program with Exercises

# CONGRATULATIONS!

You have learnt your
**1** multiplications and divisions!

_____

Date

*Now you are ready to learn your*

**2**

**times table.**

# STANDARD ORDER

### • 2 Times Table •

**Step 1:** Look and read <u>out loud</u> the times table below – *Repeat* three times
**Step 2:** <u>Cover answers</u> and read out loud, along with your answers. *Repeat* three times
**Step 3:** <u>Write down</u> without looking the complete table on a separate piece of paper. Check answers!

*Note: If you get stuck or get an incorrect answer, start from Step 1 again.*

| | | | | |
|---|---|---|---|---|
| 2 | x | 1 | = | **2** |
| 2 | x | 2 | = | **4** |
| 2 | x | 3 | = | **6** |
| 2 | x | 4 | = | **8** |
| 2 | x | 5 | = | **10** |
| 2 | x | 6 | = | **12** |
| 2 | x | 7 | = | **14** |
| 2 | x | 8 | = | **16** |
| 2 | x | 9 | = | **18** |
| 2 | x | 10 | = | **20** |
| 2 | x | 11 | = | **22** |
| 2 | x | 12 | = | **24** |

# REVERSE ORDER

## • 2 Times Table •

**Step 1:** Look and read <u>out loud</u> the times table below – <u>Repeat</u> *three times*

**Step 2:** <u>Cover answers</u> and read out loud, along with your answers. <u>Repeat</u> *three times*

**Step 3:** <u>Write down</u> without looking the complete table on a separate piece of paper. *Check answers!*

*Note: If you get stuck or get an incorrect answer, start from Step 1 again.*

| | | | | |
|---|---|---|---|---|
| 2 | x | 12 | = | **24** |
| 2 | x | 11 | = | **22** |
| 2 | x | 10 | = | **20** |
| 2 | x | 9 | = | **18** |
| 2 | x | 8 | = | **16** |
| 2 | x | 7 | = | **14** |
| 2 | x | 6 | = | **12** |
| 2 | x | 5 | = | **10** |
| 2 | x | 4 | = | **8** |
| 2 | x | 3 | = | **6** |
| 2 | x | 2 | = | **4** |
| 2 | x | 1 | = | **2** |

Times Tables (Book 1): Comprehensive Memorisation Program with Exercises

# EXERCISE #1

### • 2 Times Table •

**Step 1:** Complete the exercise below in one session, <u>without stopping</u>
**Step 2:** Check answers using the original *Standard Order* table on page 44
**Step 3:** Once finished <u>say out loud</u> the times table, with eyes *closed*!

*Note: If you get stuck or get an incorrect answer, review times table on 'Standard Order' page.*

| | | |
|---|---|---|
| 2 x 1 = ____ | | 2 x 12 = ____ |
| 2 x 2 = ____ | | 2 x 11 = ____ |
| 2 x 3 = ____ | | 2 x 10 = ____ |
| 2 x 4 = ____ | | 2 x 9 = ____ |
| 2 x 5 = ____ | | 2 x 8 = ____ |
| 2 x 6 = ____ | | 2 x 7 = ____ |
| 2 x 7 = ____ | | 2 x 6 = ____ |
| 2 x 8 = ____ | | 2 x 5 = ____ |
| 2 x 9 = ____ | | 2 x 4 = ____ |
| 2 x 10 = ____ | | 2 x 3 = ____ |
| 2 x 11 = ____ | | 2 x 2 = ____ |
| 2 x 12 = ____ | | 2 x 1 = ____ |

# EXERCISE #2

### • 2 Times Table •

**Step 1:** Complete the exercise below in one session, without stopping
**Step 2:** Check answers using the original *Standard Order* table on page 44
**Step 3:** Once finished say out loud the times table, with eyes *closed*!

*Note: If you get stuck or get an incorrect answer, review times table on 'Standard Order' page.*

| | | | | | | |
|---|---|---|---|---|---|---|
| 2 × 12 = ___ | | | 2 × 1 = ___ |
| 2 × 11 = ___ | | | 2 × 2 = ___ |
| 2 × 10 = ___ | | | 2 × 3 = ___ |
| 2 × 9 = ___ | | | 2 × 4 = ___ |
| 2 × 8 = ___ | | | 2 × 5 = ___ |
| 2 × 7 = ___ | | | 2 × 6 = ___ |
| 2 × 6 = ___ | | | 2 × 7 = ___ |
| 2 × 5 = ___ | | | 2 × 8 = ___ |
| 2 × 4 = ___ | | | 2 × 9 = ___ |
| 2 × 3 = ___ | | | 2 × 10 = ___ |
| 2 × 2 = ___ | | | 2 × 11 = ___ |
| 2 × 1 = ___ | | | 2 × 12 = ___ |

Times Tables (Book 1): Comprehensive Memorisation Program with Exercises

# EXERCISE #3

### • 2 Times Table •

**Step 1:** Complete the exercise below in one session, <u>without stopping</u>
**Step 2:** Check answers using the original *Standard Order* table on page 44
**Step 3:** Once finished <u>say out loud</u> the times table, with eyes *closed*!

*Note: If you get stuck or get an incorrect answer, review times table on 'Standard Order' page.*

| | | |
|---|---|---|
| 2 x 8 = ____ | | 2 x 5 = ____ |
| 2 x 7 = ____ | | 2 x 2 = ____ |
| 2 x 4 = ____ | | 2 x 4 = ____ |
| 2 x 6 = ____ | | 2 x 8 = ____ |
| 2 x 12 = ____ | | 2 x 7 = ____ |
| 2 x 11 = ____ | | 2 x 1 = ____ |
| 2 x 5 = ____ | | 2 x 9 = ____ |
| 2 x 10 = ____ | | 2 x 11 = ____ |
| 2 x 1 = ____ | | 2 x 3 = ____ |
| 2 x 2 = ____ | | 2 x 10 = ____ |
| 2 x 3 = ____ | | 2 x 12 = ____ |
| 2 x 9 = ____ | | 2 x 6 = ____ |

# EXERCISE #4

### • 2 Times Table •

**Step 1:** Complete the exercise below in one session, <u>without stopping</u>
**Step 2:** Check answers using the original *Standard Order* table on page 44
**Step 3:** Once finished <u>say out loud</u> the times table, with eyes *closed*!

*Note: If you get stuck or get an incorrect answer, review times table on 'Standard Order' page.*

| | | |
|---|---|---|
| 2 x 7 = ____ | | 2 x 6 = ____ |
| 2 x 1 = ____ | | 2 x 12 = ____ |
| 2 x 10 = ____ | | 2 x 9 = ____ |
| 2 x 9 = ____ | | 2 x 1 = ____ |
| 2 x 3 = ____ | | 2 x 10 = ____ |
| 2 x 12 = ____ | | 2 x 3 = ____ |
| 2 x 2 = ____ | | 2 x 7 = ____ |
| 2 x 5 = ____ | | 2 x 4 = ____ |
| 2 x 6 = ____ | | 2 x 2 = ____ |
| 2 x 4 = ____ | | 2 x 5 = ____ |
| 2 x 11 = ____ | | 2 x 8 = ____ |
| 2 x 8 = ____ | | 2 x 11 = ____ |

Times Tables (Book 1): Comprehensive Memorisation Program with Exercises

# EXERCISE #5

### • 2 Times Table •

**Step 1:** Complete the exercise below in one session, <u>without stopping</u>
**Step 2:** Check answers using the original *Standard Order* table on page 44
**Step 3:** Once finished <u>say out loud</u> the times table, with eyes *closed*!

*Note: If you get stuck or get an incorrect answer, review times table on 'Standard Order' page.*

| | | |
|---|---|---|
| 2 x 12 = ____ | | 2 x 9 = ____ |
| 2 x 7 = ____ | | 2 x 1 = ____ |
| 2 x 2 = ____ | | 2 x 2 = ____ |
| 2 x 3 = ____ | | 2 x 12 = ____ |
| 2 x 4 = ____ | | 2 x 3 = ____ |
| 2 x 1 = ____ | | 2 x 6 = ____ |
| 2 x 5 = ____ | | 2 x 10 = ____ |
| 2 x 9 = ____ | | 2 x 4 = ____ |
| 2 x 6 = ____ | | 2 x 7 = ____ |
| 2 x 8 = ____ | | 2 x 8 = ____ |
| 2 x 11 = ____ | | 2 x 11 = ____ |
| 2 x 10 = ____ | | 2 x 5 = ____ |

# EXERCISE #6

### • 2 Times Table •

**Step 1:** Complete the exercise below in one session, <u>without stopping</u>
**Step 2:** Check answers using the original *Standard Order* table on page 44
**Step 3:** Once finished <u>say out loud</u> the times table, with eyes *closed*!

*Note: If you get stuck or get an incorrect answer, review times table on 'Standard Order' page.*

| | | |
|---|---|---|
| 2 x 4 = ____ | 2 x 3 = ____ |
| 2 x 9 = ____ | 2 x 11 = ____ |
| 2 x 12 = ____ | 2 x 8 = ____ |
| 2 x 8 = ____ | 2 x 4 = ____ |
| 2 x 6 = ____ | 2 x 5 = ____ |
| 2 x 1 = ____ | 2 x 9 = ____ |
| 2 x 3 = ____ | 2 x 1 = ____ |
| 2 x 10 = ____ | 2 x 10 = ____ |
| 2 x 7 = ____ | 2 x 2 = ____ |
| 2 x 5 = ____ | 2 x 7 = ____ |
| 2 x 11 = ____ | 2 x 12 = ____ |
| 2 x 2 = ____ | 2 x 6 = ____ |

Times Tables (Book 1): Comprehensive Memorisation Program with Exercises

# STOP!

Now, <u>read out loud</u> the **standard** times table below – *Repeat* three times

| | | | | |
|---|---|---|---|---|
| 2 | x | 1 | = | **2** |
| 2 | x | 2 | = | **4** |
| 2 | x | 3 | = | **6** |
| 2 | x | 4 | = | **8** |
| 2 | x | 5 | = | **10** |
| 2 | x | 6 | = | **12** |
| 2 | x | 7 | = | **14** |
| 2 | x | 8 | = | **16** |
| 2 | x | 9 | = | **18** |
| 2 | x | 10 | = | **20** |
| 2 | x | 11 | = | **22** |
| 2 | x | 12 | = | **24** |

# 2

Now, <u>read out loud</u> the **reverse** times table below – *Repeat* three times

| | | | | |
|---|---|---|---|---|
| 2 | x | 12 | = | **12** |
| 2 | x | 11 | = | **11** |
| 2 | x | 10 | = | **10** |
| 2 | x | 9 | = | **9** |
| 2 | x | 8 | = | **8** |
| 2 | x | 7 | = | **7** |
| 2 | x | 6 | = | **6** |
| 2 | x | 5 | = | **5** |
| 2 | x | 4 | = | **4** |
| 2 | x | 3 | = | **3** |
| 2 | x | 2 | = | **2** |
| 2 | x | 1 | = | **1** |

# EXERCISE #7

### • 2 Times Table •

**Step 1:** Complete the exercise below in one session, <u>without stopping</u>
**Step 2:** Check answers using the original *Standard Order* table on page 44
**Step 3:** Once finished <u>say out loud</u> the times table, with eyes *closed*!

*Note: If you get stuck or get an incorrect answer, review times table on 'Standard Order' page.*

| | | | | | | | |
|---|---|---|---|---|---|---|---|
| 2 | x | 1 | = \_\_\_\_ | 2 | x | 12 | = \_\_\_\_ |
| 2 | x | 2 | = \_\_\_\_ | 2 | x | 11 | = \_\_\_\_ |
| 2 | x | 3 | = \_\_\_\_ | 2 | x | 10 | = \_\_\_\_ |
| 2 | x | 4 | = \_\_\_\_ | 2 | x | 9 | = \_\_\_\_ |
| 2 | x | 5 | = \_\_\_\_ | 2 | x | 8 | = \_\_\_\_ |
| 2 | x | 6 | = \_\_\_\_ | 2 | x | 7 | = \_\_\_\_ |
| 2 | x | 7 | = \_\_\_\_ | 2 | x | 6 | = \_\_\_\_ |
| 2 | x | 8 | = \_\_\_\_ | 2 | x | 5 | = \_\_\_\_ |
| 2 | x | 9 | = \_\_\_\_ | 2 | x | 4 | = \_\_\_\_ |
| 2 | x | 10 | = \_\_\_\_ | 2 | x | 3 | = \_\_\_\_ |
| 2 | x | 11 | = \_\_\_\_ | 2 | x | 2 | = \_\_\_\_ |
| 2 | x | 12 | = \_\_\_\_ | 2 | x | 1 | = \_\_\_\_ |

# EXERCISE #8

### • 2 Times Table •

**Step 1:** Complete the exercise below in one session, without stopping
**Step 2:** Check answers using the original *Standard Order* table on page 44
**Step 3:** Once finished say out loud the times table, with eyes *closed*!

*Note: If you get stuck or get an incorrect answer, review times table on 'Standard Order' page.*

| | | |
|---|---|---|
| 2 x 12 = \_\_\_\_ | 2 x 1 = \_\_\_\_ |
| 2 x 11 = \_\_\_\_ | 2 x 2 = \_\_\_\_ |
| 2 x 10 = \_\_\_\_ | 2 x 3 = \_\_\_\_ |
| 2 x 9 = \_\_\_\_ | 2 x 4 = \_\_\_\_ |
| 2 x 8 = \_\_\_\_ | 2 x 5 = \_\_\_\_ |
| 2 x 7 = \_\_\_\_ | 2 x 6 = \_\_\_\_ |
| 2 x 6 = \_\_\_\_ | 2 x 7 = \_\_\_\_ |
| 2 x 5 = \_\_\_\_ | 2 x 8 = \_\_\_\_ |
| 2 x 4 = \_\_\_\_ | 2 x 9 = \_\_\_\_ |
| 2 x 3 = \_\_\_\_ | 2 x 10 = \_\_\_\_ |
| 2 x 2 = \_\_\_\_ | 2 x 11 = \_\_\_\_ |
| 2 x 1 = \_\_\_\_ | 2 x 12 = \_\_\_\_ |

Times Tables (Book 1): Comprehensive Memorisation Program with Exercises

# EXERCISE #9

### • 2 Times Table •

**Step 1:** Complete the exercise below in one session, <u>without stopping</u>
**Step 2:** Check answers using the original *Standard Order* table on page 44
**Step 3:** Once finished <u>say out loud</u> the times table, with eyes *closed*!

*Note: If you get stuck or get an incorrect answer, review times table on 'Standard Order' page.*

| | |
|---|---|
| 2 x 2 = ____ | 2 x 8 = ____ |
| 2 x 10 = ____ | 2 x 7 = ____ |
| 2 x 7 = ____ | 2 x 10 = ____ |
| 2 x 12 = ____ | 2 x 12 = ____ |
| 2 x 11 = ____ | 2 x 1 = ____ |
| 2 x 8 = ____ | 2 x 4 = ____ |
| 2 x 3 = ____ | 2 x 5 = ____ |
| 2 x 9 = ____ | 2 x 9 = ____ |
| 2 x 5 = ____ | 2 x 3 = ____ |
| 2 x 6 = ____ | 2 x 2 = ____ |
| 2 x 4 = ____ | 2 x 11 = ____ |
| 2 x 1 = ____ | 2 x 6 = ____ |

# EXERCISE #10

### • 2 Times Table •

**Step 1:** Complete the exercise below in one session, <u>without stopping</u>
**Step 2:** Check answers using the original *Standard Order* table on page 44
**Step 3:** Once finished <u>say out loud</u> the times table, with eyes *closed*!

*Note: If you get stuck or get an incorrect answer, review times table on 'Standard Order' page.*

| | | |
|---|---|---|
| 2 x 5 = ___ | | 2 x 4 = ___ |
| 2 x 1 = ___ | | 2 x 10 = ___ |
| 2 x 12 = ___ | | 2 x 6 = ___ |
| 2 x 4 = ___ | | 2 x 3 = ___ |
| 2 x 6 = ___ | | 2 x 2 = ___ |
| 2 x 7 = ___ | | 2 x 12 = ___ |
| 2 x 11 = ___ | | 2 x 5 = ___ |
| 2 x 10 = ___ | | 2 x 8 = ___ |
| 2 x 2 = ___ | | 2 x 7 = ___ |
| 2 x 8 = ___ | | 2 x 9 = ___ |
| 2 x 3 = ___ | | 2 x 1 = ___ |
| 2 x 9 = ___ | | 2 x 11 = ___ |

Times Tables (Book 1): Comprehensive Memorisation Program with Exercises

# EXERCISE #11

### • 2 Times Table •

**Step 1:** Complete the exercise below in one session, <u>without stopping</u>
**Step 2:** Check answers using the original *Standard Order* table on page 44
**Step 3:** Once finished <u>say out loud</u> the times table, with eyes *closed*!

*Note: If you get stuck or get an incorrect answer, review times table on 'Standard Order' page.*

| | | |
|---|---|---|
| 2 x 10 = \_\_\_\_ | | 2 x 6 = \_\_\_\_ |
| 2 x 6 = \_\_\_\_ | | 2 x 8 = \_\_\_\_ |
| 2 x 7 = \_\_\_\_ | | 2 x 10 = \_\_\_\_ |
| 2 x 2 = \_\_\_\_ | | 2 x 3 = \_\_\_\_ |
| 2 x 1 = \_\_\_\_ | | 2 x 7 = \_\_\_\_ |
| 2 x 9 = \_\_\_\_ | | 2 x 5 = \_\_\_\_ |
| 2 x 11 = \_\_\_\_ | | 2 x 1 = \_\_\_\_ |
| 2 x 12 = \_\_\_\_ | | 2 x 12 = \_\_\_\_ |
| 2 x 8 = \_\_\_\_ | | 2 x 2 = \_\_\_\_ |
| 2 x 3 = \_\_\_\_ | | 2 x 4 = \_\_\_\_ |
| 2 x 4 = \_\_\_\_ | | 2 x 11 = \_\_\_\_ |
| 2 x 5 = \_\_\_\_ | | 2 x 9 = \_\_\_\_ |

# EXERCISE #12

### • 2 Times Table •

**Step 1:** Complete the exercise below in one session, <u>without stopping</u>
**Step 2:** Check answers using the original *Standard Order* table on page 44
**Step 3:** Once finished <u>say out loud</u> the times table, with eyes *closed*!

*Note: If you get stuck or get an incorrect answer, review times table on 'Standard Order' page.*

| | | |
|---|---|---|
| 2 x 7 = \_\_\_\_ | | 2 x 12 = \_\_\_\_ |
| 2 x 4 = \_\_\_\_ | | 2 x 4 = \_\_\_\_ |
| 2 x 10 = \_\_\_\_ | | 2 x 6 = \_\_\_\_ |
| 2 x 8 = \_\_\_\_ | | 2 x 2 = \_\_\_\_ |
| 2 x 2 = \_\_\_\_ | | 2 x 7 = \_\_\_\_ |
| 2 x 11 = \_\_\_\_ | | 2 x 1 = \_\_\_\_ |
| 2 x 6 = \_\_\_\_ | | 2 x 8 = \_\_\_\_ |
| 2 x 3 = \_\_\_\_ | | 2 x 10 = \_\_\_\_ |
| 2 x 1 = \_\_\_\_ | | 2 x 3 = \_\_\_\_ |
| 2 x 5 = \_\_\_\_ | | 2 x 5 = \_\_\_\_ |
| 2 x 12 = \_\_\_\_ | | 2 x 11 = \_\_\_\_ |
| 2 x 9 = \_\_\_\_ | | 2 x 9 = \_\_\_\_ |

Times Tables (Book 1): Comprehensive Memorisation Program with Exercises

# STANDARD ORDER

### • 2 Divisions Table •

**Step 1:** Look and read <u>out loud</u> the division table below – *Repeat* three times
**Step 2:** <u>Cover answers</u> and read out loud, along with your answers. *Repeat* three times
**Step 3:** <u>Write down</u> without looking the complete table on a separate piece of paper. Check answers!

*Note: If you get stuck or get an incorrect answer, start from Step 1 again.*

$$2 \div 2 = 1$$
$$4 \div 2 = 2$$
$$6 \div 2 = 3$$
$$8 \div 2 = 4$$
$$10 \div 2 = 5$$
$$12 \div 2 = 6$$
$$14 \div 2 = 7$$
$$16 \div 2 = 8$$
$$18 \div 2 = 9$$
$$20 \div 2 = 10$$
$$22 \div 2 = 11$$
$$24 \div 2 = 12$$

# REVERSE ORDER

### • 2 Divisions Table •

**Step 1:** Look and read <u>out loud</u> the divisions below – *Repeat* three times

**Step 2:** <u>Cover answers</u> and read out loud, along with your answers. *Repeat* three times

**Step 3:** <u>Write down</u> without looking the complete table on a separate piece of paper. *Check answers!*

*Note: If you get stuck or get an incorrect answer, start from Step 1 again.*

| | | | | |
|---|---|---|---|---|
| **24** | ÷ | 2 | = | 12 |
| **22** | ÷ | 2 | = | 11 |
| **20** | ÷ | 2 | = | 10 |
| **18** | ÷ | 2 | = | 9 |
| **16** | ÷ | 2 | = | 8 |
| **14** | ÷ | 2 | = | 7 |
| **12** | ÷ | 2 | = | 6 |
| **10** | ÷ | 2 | = | 5 |
| **8** | ÷ | 2 | = | 4 |
| **6** | ÷ | 2 | = | 3 |
| **4** | ÷ | 2 | = | 2 |
| **2** | ÷ | 2 | = | 1 |

# EXERCISE #13

### • 2 Divisions Table •

**Step 1:** Complete the exercise below in one session, <u>without stopping</u>
**Step 2:** Check answers using the original *Standard Order* table on page 60
**Step 3:** Once finished <u>say out loud</u> the divisions, with eyes *closed*!

*Note: If you get stuck or get an incorrect answer, review divisions on 'Standard Order' page.*

| | |
|---|---|
| 2 ÷ 2 = \_\_\_\_ | 24 ÷ 2 = \_\_\_\_ |
| 4 ÷ 2 = \_\_\_\_ | 22 ÷ 2 = \_\_\_\_ |
| 6 ÷ 2 = \_\_\_\_ | 20 ÷ 2 = \_\_\_\_ |
| 8 ÷ 2 = \_\_\_\_ | 18 ÷ 2 = \_\_\_\_ |
| 10 ÷ 2 = \_\_\_\_ | 16 ÷ 2 = \_\_\_\_ |
| 12 ÷ 2 = \_\_\_\_ | 14 ÷ 2 = \_\_\_\_ |
| 14 ÷ 2 = \_\_\_\_ | 12 ÷ 2 = \_\_\_\_ |
| 16 ÷ 2 = \_\_\_\_ | 10 ÷ 2 = \_\_\_\_ |
| 18 ÷ 2 = \_\_\_\_ | 8 ÷ 2 = \_\_\_\_ |
| 20 ÷ 2 = \_\_\_\_ | 6 ÷ 2 = \_\_\_\_ |
| 22 ÷ 2 = \_\_\_\_ | 4 ÷ 2 = \_\_\_\_ |
| 24 ÷ 2 = \_\_\_\_ | 2 ÷ 2 = \_\_\_\_ |

# EXERCISE #14

### • 2 Divisions Table •

**Step 1:** Complete the exercise below in one session, <u>without stopping</u>
**Step 2:** Check answers using the original *Standard Order* table on page 60
**Step 3:** Once finished <u>say out loud</u> the divisions, with eyes *closed*!

*Note: If you get stuck or get an incorrect answer, review divisions on 'Standard Order' page.*

| | |
|---|---|
| 24 ÷ 2 = ____ | 2 ÷ 2 = ____ |
| 22 ÷ 2 = ____ | 4 ÷ 2 = ____ |
| 20 ÷ 2 = ____ | 6 ÷ 2 = ____ |
| 18 ÷ 2 = ____ | 8 ÷ 2 = ____ |
| 16 ÷ 2 = ____ | 10 ÷ 2 = ____ |
| 14 ÷ 2 = ____ | 12 ÷ 2 = ____ |
| 12 ÷ 2 = ____ | 14 ÷ 2 = ____ |
| 10 ÷ 2 = ____ | 16 ÷ 2 = ____ |
| 8 ÷ 2 = ____ | 18 ÷ 2 = ____ |
| 6 ÷ 2 = ____ | 20 ÷ 2 = ____ |
| 4 ÷ 2 = ____ | 22 ÷ 2 = ____ |
| 2 ÷ 2 = ____ | 24 ÷ 2 = ____ |

Times Tables (Book 1): Comprehensive Memorisation Program with Exercises

# EXERCISE #15

### • 2 Divisions Table •

**Step 1:** Complete the exercise below in one session, <u>without stopping</u>
**Step 2:** Check answers using the original *Standard Order* table on page 60
**Step 3:** Once finished <u>say out loud</u> the divisions, with eyes *closed*!

*Note: If you get stuck or get an incorrect answer, review divisions on 'Standard Order' page.*

| | |
|---|---|
| 20 ÷ 2 = ____ | 4 ÷ 2 = ____ |
| 4 ÷ 2 = ____ | 20 ÷ 2 = ____ |
| 12 ÷ 2 = ____ | 10 ÷ 2 = ____ |
| 18 ÷ 2 = ____ | 2 ÷ 2 = ____ |
| 24 ÷ 2 = ____ | 24 ÷ 2 = ____ |
| 6 ÷ 2 = ____ | 18 ÷ 2 = ____ |
| 2 ÷ 2 = ____ | 14 ÷ 2 = ____ |
| 10 ÷ 2 = ____ | 8 ÷ 2 = ____ |
| 8 ÷ 2 = ____ | 12 ÷ 2 = ____ |
| 22 ÷ 2 = ____ | 16 ÷ 2 = ____ |
| 16 ÷ 2 = ____ | 6 ÷ 2 = ____ |
| 14 ÷ 2 = ____ | 22 ÷ 2 = ____ |

# EXERCISE #16

### • 2 Divisions Table •

**Step 1:** Complete the exercise below in one session, <u>without stopping</u>
**Step 2:** Check answers using the original *Standard Order* table on page 60
**Step 3:** Once finished <u>say out loud</u> the divisions, with eyes *closed*!

*Note: If you get stuck or get an incorrect answer, review divisions on 'Standard Order' page.*

| | | | | | | |
|---|---|---|---|---|---|---|
| 22 | ÷ | 2 | = ____ | 18 | ÷ 2 = ____ |
| 14 | ÷ | 2 | = ____ | 20 | ÷ 2 = ____ |
| 4 | ÷ | 2 | = ____ | 12 | ÷ 2 = ____ |
| 2 | ÷ | 2 | = ____ | 14 | ÷ 2 = ____ |
| 24 | ÷ | 2 | = ____ | 22 | ÷ 2 = ____ |
| 6 | ÷ | 2 | = ____ | 2 | ÷ 2 = ____ |
| 18 | ÷ | 2 | = ____ | 4 | ÷ 2 = ____ |
| 16 | ÷ | 2 | = ____ | 6 | ÷ 2 = ____ |
| 8 | ÷ | 2 | = ____ | 24 | ÷ 2 = ____ |
| 20 | ÷ | 2 | = ____ | 10 | ÷ 2 = ____ |
| 12 | ÷ | 2 | = ____ | 8 | ÷ 2 = ____ |
| 10 | ÷ | 2 | = ____ | 16 | ÷ 2 = ____ |

Times Tables (Book 1): Comprehensive Memorisation Program with Exercises

# EXERCISE #17

### • 2 Divisions Table •

**Step 1:** Complete the exercise below in one session, <u>without stopping</u>
**Step 2:** Check answers using the original *Standard Order* table on page 60
**Step 3:** Once finished <u>say out loud</u> the divisions, with eyes *closed*!

*Note: If you get stuck or get an incorrect answer, review divisions on 'Standard Order' page.*

| | | |
|---|---|---|
| 2 ÷ 2 = ____ | | 24 ÷ 2 = ____ |
| 16 ÷ 2 = ____ | | 14 ÷ 2 = ____ |
| 6 ÷ 2 = ____ | | 18 ÷ 2 = ____ |
| 22 ÷ 2 = ____ | | 4 ÷ 2 = ____ |
| 20 ÷ 2 = ____ | | 12 ÷ 2 = ____ |
| 18 ÷ 2 = ____ | | 8 ÷ 2 = ____ |
| 24 ÷ 2 = ____ | | 6 ÷ 2 = ____ |
| 10 ÷ 2 = ____ | | 10 ÷ 2 = ____ |
| 12 ÷ 2 = ____ | | 22 ÷ 2 = ____ |
| 4 ÷ 2 = ____ | | 2 ÷ 2 = ____ |
| 14 ÷ 2 = ____ | | 20 ÷ 2 = ____ |
| 8 ÷ 2 = ____ | | 16 ÷ 2 = ____ |

# EXERCISE #18

### • 2 Divisions Table •

**Step 1:** Complete the exercise below in one session, <u>without stopping</u>
**Step 2:** Check answers using the original *Standard Order* table on page 60
**Step 3:** Once finished <u>say out loud</u> the divisions, with eyes *closed*!

*Note: If you get stuck or get an incorrect answer, review divisions on 'Standard Order' page.*

| | | |
|---|---|---|
| 10 ÷ 2 = ____ | 16 ÷ 2 = ____ |
| 20 ÷ 2 = ____ | 14 ÷ 2 = ____ |
| 22 ÷ 2 = ____ | 2 ÷ 2 = ____ |
| 2 ÷ 2 = ____ | 24 ÷ 2 = ____ |
| 18 ÷ 2 = ____ | 20 ÷ 2 = ____ |
| 6 ÷ 2 = ____ | 4 ÷ 2 = ____ |
| 16 ÷ 2 = ____ | 12 ÷ 2 = ____ |
| 12 ÷ 2 = ____ | 18 ÷ 2 = ____ |
| 4 ÷ 2 = ____ | 10 ÷ 2 = ____ |
| 14 ÷ 2 = ____ | 8 ÷ 2 = ____ |
| 24 ÷ 2 = ____ | 6 ÷ 2 = ____ |
| 8 ÷ 2 = ____ | 22 ÷ 2 = ____ |

Times Tables (Book 1): Comprehensive Memorisation Program with Exercises

# STOP!

Now, read out loud the divisions below – *Repeat three times*

| | | | | |
|---|---|---|---|---|
| **2** | ÷ | 2 | = | 1 |
| **4** | ÷ | 2 | = | 2 |
| **6** | ÷ | 2 | = | 3 |
| **8** | ÷ | 2 | = | 4 |
| **10** | ÷ | 2 | = | 5 |
| **12** | ÷ | 2 | = | 6 |
| **14** | ÷ | 2 | = | 7 |
| **16** | ÷ | 2 | = | 8 |
| **18** | ÷ | 2 | = | 9 |
| **20** | ÷ | 2 | = | 10 |
| **22** | ÷ | 2 | = | 11 |
| **24** | ÷ | 2 | = | 12 |

# 2

Now, <u>read out loud</u> the **reverse** table below – *Repeat three times*

| | | | | |
|---|---|---|---|---|
| **24** | ÷ | 2 | = | 12 |
| **22** | ÷ | 2 | = | 11 |
| **20** | ÷ | 2 | = | 10 |
| **18** | ÷ | 2 | = | 9 |
| **16** | ÷ | 2 | = | 8 |
| **14** | ÷ | 2 | = | 7 |
| **12** | ÷ | 2 | = | 6 |
| **10** | ÷ | 2 | = | 5 |
| **8** | ÷ | 2 | = | 4 |
| **6** | ÷ | 2 | = | 3 |
| **4** | ÷ | 2 | = | 2 |
| **2** | ÷ | 2 | = | 1 |

# EXERCISE #19

### • 2 Divisions Table •

**Step 1:** Complete the exercise below in one session, <u>without stopping</u>
**Step 2:** Check answers using the original *Standard Order* table on page 60
**Step 3:** Once finished <u>say out loud</u> the divisions, with eyes *closed*!

*Note: If you get stuck or get an incorrect answer, review divisions on 'Standard Order' page.*

| | | |
|---|---|---|
| 2 ÷ 2 = \_\_\_\_ | | 24 ÷ 2 = \_\_\_\_ |
| 4 ÷ 2 = \_\_\_\_ | | 22 ÷ 2 = \_\_\_\_ |
| 6 ÷ 2 = \_\_\_\_ | | 20 ÷ 2 = \_\_\_\_ |
| 8 ÷ 2 = \_\_\_\_ | | 18 ÷ 2 = \_\_\_\_ |
| 10 ÷ 2 = \_\_\_\_ | | 16 ÷ 2 = \_\_\_\_ |
| 12 ÷ 2 = \_\_\_\_ | | 14 ÷ 2 = \_\_\_\_ |
| 14 ÷ 2 = \_\_\_\_ | | 12 ÷ 2 = \_\_\_\_ |
| 16 ÷ 2 = \_\_\_\_ | | 10 ÷ 2 = \_\_\_\_ |
| 18 ÷ 2 = \_\_\_\_ | | 8 ÷ 2 = \_\_\_\_ |
| 20 ÷ 2 = \_\_\_\_ | | 6 ÷ 2 = \_\_\_\_ |
| 22 ÷ 2 = \_\_\_\_ | | 4 ÷ 2 = \_\_\_\_ |
| 24 ÷ 2 = \_\_\_\_ | | 2 ÷ 2 = \_\_\_\_ |

# EXERCISE #20

### • 2 Divisions Table •

**Step 1:** Complete the exercise below in one session, without stopping
**Step 2:** Check answers using the original *Standard Order* table on page 60
**Step 3:** Once finished say out loud the divisions, with eyes *closed*!

*Note: If you get stuck or get an incorrect answer, review divisions on 'Standard Order' page.*

| | | |
|---|---|---|
| 24 ÷ 2 = ____ | 2 ÷ 2 = ____ |
| 22 ÷ 2 = ____ | 4 ÷ 2 = ____ |
| 20 ÷ 2 = ____ | 6 ÷ 2 = ____ |
| 18 ÷ 2 = ____ | 8 ÷ 2 = ____ |
| 16 ÷ 2 = ____ | 10 ÷ 2 = ____ |
| 14 ÷ 2 = ____ | 12 ÷ 2 = ____ |
| 12 ÷ 2 = ____ | 14 ÷ 2 = ____ |
| 10 ÷ 2 = ____ | 16 ÷ 2 = ____ |
| 8 ÷ 2 = ____ | 18 ÷ 2 = ____ |
| 6 ÷ 2 = ____ | 20 ÷ 2 = ____ |
| 4 ÷ 2 = ____ | 22 ÷ 2 = ____ |
| 2 ÷ 2 = ____ | 24 ÷ 2 = ____ |

# EXERCISE #21

### • 2 Divisions Table •

**Step 1:** Complete the exercise below in one session, <u>without stopping</u>
**Step 2:** Check answers using the original *Standard Order* table on page 60
**Step 3:** Once finished <u>say out loud</u> the divisions, with eyes *closed*!

*Note: If you get stuck or get an incorrect answer, review divisions on 'Standard Order' page.*

| | | |
|---|---|---|
| 4 ÷ 2 = \_\_\_\_ | 14 ÷ 2 = \_\_\_\_ |
| 16 ÷ 2 = \_\_\_\_ | 2 ÷ 2 = \_\_\_\_ |
| 24 ÷ 2 = \_\_\_\_ | 10 ÷ 2 = \_\_\_\_ |
| 12 ÷ 2 = \_\_\_\_ | 22 ÷ 2 = \_\_\_\_ |
| 2 ÷ 2 = \_\_\_\_ | 12 ÷ 2 = \_\_\_\_ |
| 10 ÷ 2 = \_\_\_\_ | 8 ÷ 2 = \_\_\_\_ |
| 6 ÷ 2 = \_\_\_\_ | 24 ÷ 2 = \_\_\_\_ |
| 18 ÷ 2 = \_\_\_\_ | 6 ÷ 2 = \_\_\_\_ |
| 14 ÷ 2 = \_\_\_\_ | 20 ÷ 2 = \_\_\_\_ |
| 20 ÷ 2 = \_\_\_\_ | 16 ÷ 2 = \_\_\_\_ |
| 8 ÷ 2 = \_\_\_\_ | 18 ÷ 2 = \_\_\_\_ |
| 22 ÷ 2 = \_\_\_\_ | 4 ÷ 2 = \_\_\_\_ |

# EXERCISE # 22

### • 2 Divisions Table •

**Step 1:** Complete the exercise below in one session, <u>without stopping</u>
**Step 2:** Check answers using the original *Standard Order* table on page 60
**Step 3:** Once finished <u>say out loud</u> the divisions, with eyes *closed*!

*Note: If you get stuck or get an incorrect answer, review divisions on 'Standard Order' page.*

| | | |
|---|---|---|
| 16 ÷ 2 = ____ | 2 ÷ 2 = ____ |
| 18 ÷ 2 = ____ | 14 ÷ 2 = ____ |
| 4 ÷ 2 = ____ | 18 ÷ 2 = ____ |
| 22 ÷ 2 = ____ | 10 ÷ 2 = ____ |
| 10 ÷ 2 = ____ | 22 ÷ 2 = ____ |
| 2 ÷ 2 = ____ | 4 ÷ 2 = ____ |
| 24 ÷ 2 = ____ | 16 ÷ 2 = ____ |
| 12 ÷ 2 = ____ | 8 ÷ 2 = ____ |
| 20 ÷ 2 = ____ | 6 ÷ 2 = ____ |
| 8 ÷ 2 = ____ | 12 ÷ 2 = ____ |
| 6 ÷ 2 = ____ | 24 ÷ 2 = ____ |
| 14 ÷ 2 = ____ | 20 ÷ 2 = ____ |

Times Tables (Book 1): Comprehensive Memorisation Program with Exercises

# EXERCISE #23

### • 2 Divisions Table •

**Step 1:** Complete the exercise below in one session, <u>without stopping</u>
**Step 2:** Check answers using the original *Standard Order* table on page 60
**Step 3:** Once finished <u>say out loud</u> the divisions, with eyes *closed*!

*Note: If you get stuck or get an incorrect answer, review divisions on 'Standard Order' page.*

| | | |
|---|---|---|
| 6 ÷ 2 = \_\_\_\_ | 18 ÷ 2 = \_\_\_\_ |
| 18 ÷ 2 = \_\_\_\_ | 12 ÷ 2 = \_\_\_\_ |
| 8 ÷ 2 = \_\_\_\_ | 4 ÷ 2 = \_\_\_\_ |
| 14 ÷ 2 = \_\_\_\_ | 6 ÷ 2 = \_\_\_\_ |
| 16 ÷ 2 = \_\_\_\_ | 22 ÷ 2 = \_\_\_\_ |
| 24 ÷ 2 = \_\_\_\_ | 16 ÷ 2 = \_\_\_\_ |
| 10 ÷ 2 = \_\_\_\_ | 8 ÷ 2 = \_\_\_\_ |
| 12 ÷ 2 = \_\_\_\_ | 2 ÷ 2 = \_\_\_\_ |
| 2 ÷ 2 = \_\_\_\_ | 10 ÷ 2 = \_\_\_\_ |
| 20 ÷ 2 = \_\_\_\_ | 24 ÷ 2 = \_\_\_\_ |
| 22 ÷ 2 = \_\_\_\_ | 20 ÷ 2 = \_\_\_\_ |
| 4 ÷ 2 = \_\_\_\_ | 14 ÷ 2 = \_\_\_\_ |

# EXERCISE #24

### • 2 Divisions Table •

**Step 1:** Complete the exercise below in one session, <u>without stopping</u>
**Step 2:** Check answers using the original *Standard Order* table on page 60
**Step 3:** Once finished <u>say out loud</u> the divisions, with eyes *closed*!

*Note: If you get stuck or get an incorrect answer, review divisions on 'Standard Order' page.*

| | | |
|---|---|---|
| 8 ÷ 2 = \_\_\_\_ | 12 ÷ 2 = \_\_\_\_ |
| 20 ÷ 2 = \_\_\_\_ | 14 ÷ 2 = \_\_\_\_ |
| 2 ÷ 2 = \_\_\_\_ | 18 ÷ 2 = \_\_\_\_ |
| 22 ÷ 2 = \_\_\_\_ | 20 ÷ 2 = \_\_\_\_ |
| 12 ÷ 2 = \_\_\_\_ | 24 ÷ 2 = \_\_\_\_ |
| 18 ÷ 2 = \_\_\_\_ | 2 ÷ 2 = \_\_\_\_ |
| 6 ÷ 2 = \_\_\_\_ | 22 ÷ 2 = \_\_\_\_ |
| 4 ÷ 2 = \_\_\_\_ | 8 ÷ 2 = \_\_\_\_ |
| 24 ÷ 2 = \_\_\_\_ | 10 ÷ 2 = \_\_\_\_ |
| 10 ÷ 2 = \_\_\_\_ | 16 ÷ 2 = \_\_\_\_ |
| 14 ÷ 2 = \_\_\_\_ | 6 ÷ 2 = \_\_\_\_ |
| 16 ÷ 2 = \_\_\_\_ | 4 ÷ 2 = \_\_\_\_ |

*Times Tables (Book 1): Comprehensive Memorisation Program with Exercises*

# EXERCISE # 25

### • 2 Multiplications & Divisions •

**Step 1:** Complete the exercise below in one session, <u>without stopping</u>
**Step 2:** Check answers using the original *Standard Order* table on pages 44 & 60

*Note: If you get stuck or get an incorrect answer, review table on 'Standard Order' pages.*

| | | |
|---|---|---|
| 2 × 11 = \_\_\_\_ | 2 × 8 = \_\_\_\_ |
| 2 × 6 = \_\_\_\_ | 22 ÷ 2 = \_\_\_\_ |
| 16 ÷ 2 = \_\_\_\_ | 2 × 4 = \_\_\_\_ |
| 14 ÷ 2 = \_\_\_\_ | 6 ÷ 2 = \_\_\_\_ |
| 4 ÷ 2 = \_\_\_\_ | 8 ÷ 2 = \_\_\_\_ |
| 2 × 12 = \_\_\_\_ | 2 × 10 = \_\_\_\_ |
| 2 × 9 = \_\_\_\_ | 20 ÷ 2 = \_\_\_\_ |
| 12 ÷ 2 = \_\_\_\_ | 2 × 7 = \_\_\_\_ |
| 24 ÷ 2 = \_\_\_\_ | 2 × 5 = \_\_\_\_ |
| 2 × 2 = \_\_\_\_ | 2 × 1 = \_\_\_\_ |
| 2 × 3 = \_\_\_\_ | 10 ÷ 2 = \_\_\_\_ |
| 2 ÷ 2 = \_\_\_\_ | 18 ÷ 2 = \_\_\_\_ |

# EXERCISE #26

### • 2 Multiplications & Divisions •

**Step 1:** Complete the exercise below in one session, <u>without stopping</u>
**Step 2:** Check answers using the original *Standard Order* table on pages 44 & 60

*Note: If you get stuck or get an incorrect answer, review table on 'Standard Order' pages.*

| | | |
|---|---|---|
| 20 ÷ 2 = \_\_\_\_ | | 16 ÷ 2 = \_\_\_\_ |
| 2 x 5 = \_\_\_\_ | | 4 ÷ 2 = \_\_\_\_ |
| 2 x 7 = \_\_\_\_ | | 2 x 12 = \_\_\_\_ |
| 10 ÷ 2 = \_\_\_\_ | | 24 ÷ 2 = \_\_\_\_ |
| 2 x 8 = \_\_\_\_ | | 12 ÷ 2 = \_\_\_\_ |
| 22 ÷ 2 = \_\_\_\_ | | 2 x 11 = \_\_\_\_ |
| 2 x 4 = \_\_\_\_ | | 14 ÷ 2 = \_\_\_\_ |
| 2 x 1 = \_\_\_\_ | | 2 ÷ 2 = \_\_\_\_ |
| 8 ÷ 2 = \_\_\_\_ | | 2 x 9 = \_\_\_\_ |
| 2 x 2 = \_\_\_\_ | | 2 x 6 = \_\_\_\_ |
| 2 x 10 = \_\_\_\_ | | 18 ÷ 2 = \_\_\_\_ |
| 6 ÷ 2 = \_\_\_\_ | | 2 x 3 = \_\_\_\_ |

# EXERCISE # 27

## • 2 Multiplications & Divisions •

**Step 1:** Complete the exercise below in one session, <u>without stopping</u>
**Step 2:** Check answers using the original *Standard Order* table on pages 44 & 60

*Note: If you get stuck or get an incorrect answer, review table on 'Standard Order' pages.*

| | | | | | | | | |
|---|---|---|---|---|---|---|---|---|
| 2 | x | 8 | = | ___ | 22 | ÷ | 2 | = ___ |
| 2 | x | 11 | = | ___ | 14 | ÷ | 2 | = ___ |
| 12 | ÷ | 2 | = | ___ | 10 | ÷ | 2 | = ___ |
| 2 | x | 12 | = | ___ | 6 | ÷ | 2 | = ___ |
| 16 | ÷ | 2 | = | ___ | 2 | x | 7 | = ___ |
| 4 | ÷ | 2 | = | ___ | 8 | ÷ | 2 | = ___ |
| 24 | ÷ | 2 | = | ___ | 2 | x | 4 | = ___ |
| 2 | x | 1 | = | ___ | 20 | ÷ | 2 | = ___ |
| 2 | x | 2 | = | ___ | 2 | x | 9 | = ___ |
| 18 | ÷ | 2 | = | ___ | 2 | x | 10 | = ___ |
| 2 | x | 5 | = | ___ | 2 | x | 3 | = ___ |
| 2 | x | 6 | = | ___ | 2 | ÷ | 2 | = ___ |

# EXERCISE #28

### • 2 Multiplications & Divisions •

**Step 1:** Complete the exercise below in one session, <u>without stopping</u>
**Step 2:** Check answers using the original *Standard Order* table on pages 44 & 60

*Note: If you get stuck or get an incorrect answer, review table on 'Standard Order' pages.*

| | | |
|---|---|---|
| 6 ÷ 2 = \_\_\_\_ | | 12 ÷ 2 = \_\_\_\_ |
| 2 × 1 = \_\_\_\_ | | 2 × 11 = \_\_\_\_ |
| 8 ÷ 2 = \_\_\_\_ | | 24 ÷ 2 = \_\_\_\_ |
| 14 ÷ 2 = \_\_\_\_ | | 2 ÷ 2 = \_\_\_\_ |
| 4 ÷ 2 = \_\_\_\_ | | 2 × 8 = \_\_\_\_ |
| 2 × 5 = \_\_\_\_ | | 2 × 6 = \_\_\_\_ |
| 22 ÷ 2 = \_\_\_\_ | | 2 × 7 = \_\_\_\_ |
| 10 ÷ 2 = \_\_\_\_ | | 2 × 4 = \_\_\_\_ |
| 20 ÷ 2 = \_\_\_\_ | | 2 × 9 = \_\_\_\_ |
| 2 × 3 = \_\_\_\_ | | 2 × 2 = \_\_\_\_ |
| 16 ÷ 2 = \_\_\_\_ | | 18 ÷ 2 = \_\_\_\_ |
| 2 × 12 = \_\_\_\_ | | 2 × 10 = \_\_\_\_ |

Times Tables (Book 1): Comprehensive Memorisation Program with Exercises

# CONGRATULATIONS!

You have learnt your
**2** multiplications and divisions!

_____
Date

*Now you are ready to learn your*

**3**

# times table.

# STANDARD ORDER

### • 3 Times Table •

**Step 1:** Look and read <u>out loud</u> the times table below – <u>Repeat</u> three times
**Step 2:** <u>Cover answers</u> and read out loud, along with your answers. <u>Repeat</u> three times
**Step 3:** <u>Write down</u> without looking the complete table on a separate piece of paper. Check answers!

*Note: If you get stuck or get an incorrect answer, start from Step 1 again.*

| | | | | |
|---|---|---|---|---|
| 3 | x | 1 | = | **3** |
| 3 | x | 2 | = | **6** |
| 3 | x | 3 | = | **9** |
| 3 | x | 4 | = | **12** |
| 3 | x | 5 | = | **15** |
| 3 | x | 6 | = | **18** |
| 3 | x | 7 | = | **21** |
| 3 | x | 8 | = | **24** |
| 3 | x | 9 | = | **27** |
| 3 | x | 10 | = | **30** |
| 3 | x | 11 | = | **33** |
| 3 | x | 12 | = | **36** |

# REVERSE ORDER

### • 3 Times Table •

**Step 1:** Look and read <u>out loud</u> the times table below – *Repeat* three times
**Step 2:** <u>Cover answers</u> and read out loud, along with your answers. *Repeat* three times
**Step 3:** <u>Write down</u> without looking the complete table on a separate piece of paper. Check answers!

*Note: If you get stuck or get an incorrect answer, start from Step 1 again.*

| | | | | |
|---|---|---|---|---|
| 3 | x | 12 | = | **36** |
| 3 | x | 11 | = | **33** |
| 3 | x | 10 | = | **30** |
| 3 | x | 9 | = | **27** |
| 3 | x | 8 | = | **24** |
| 3 | x | 7 | = | **21** |
| 3 | x | 6 | = | **18** |
| 3 | x | 5 | = | **15** |
| 3 | x | 4 | = | **12** |
| 3 | x | 3 | = | **9** |
| 3 | x | 2 | = | **6** |
| 3 | x | 1 | = | **3** |

# EXERCISE #1

### • 3 Times Table •

**Step 1:** Complete the exercise below in one session, <u>without stopping</u>
**Step 2:** Check answers using the original *Standard Order* table on page 82
**Step 3:** Once finished <u>say out loud</u> the times table, with eyes *closed*!

*Note: If you get stuck or get an incorrect answer, review times table on 'Standard Order' page.*

| | |
|---|---|
| 3 x 1 = ____ | 3 x 12 = ____ |
| 3 x 2 = ____ | 3 x 11 = ____ |
| 3 x 3 = ____ | 3 x 10 = ____ |
| 3 x 4 = ____ | 3 x 9 = ____ |
| 3 x 5 = ____ | 3 x 8 = ____ |
| 3 x 6 = ____ | 3 x 7 = ____ |
| 3 x 7 = ____ | 3 x 6 = ____ |
| 3 x 8 = ____ | 3 x 5 = ____ |
| 3 x 9 = ____ | 3 x 4 = ____ |
| 3 x 10 = ____ | 3 x 3 = ____ |
| 3 x 11 = ____ | 3 x 2 = ____ |
| 3 x 12 = ____ | 3 x 1 = ____ |

# EXERCISE #2

### • 3 Times Table •

**Step 1:** Complete the exercise below in one session, <u>without stopping</u>
**Step 2:** Check answers using the original *Standard Order* table on page 82
**Step 3:** Once finished <u>say out loud</u> the times table, with eyes *closed*!

*Note: If you get stuck or get an incorrect answer, review times table on 'Standard Order' page.*

| | | | | | | | |
|---|---|---|---|---|---|---|---|
| 3 | x | 12 | = | ___ | 3 | x | 1 | = | ___ |
| 3 | x | 11 | = | ___ | 3 | x | 2 | = | ___ |
| 3 | x | 10 | = | ___ | 3 | x | 3 | = | ___ |
| 3 | x | 9 | = | ___ | 3 | x | 4 | = | ___ |
| 3 | x | 8 | = | ___ | 3 | x | 5 | = | ___ |
| 3 | x | 7 | = | ___ | 3 | x | 6 | = | ___ |
| 3 | x | 6 | = | ___ | 3 | x | 7 | = | ___ |
| 3 | x | 5 | = | ___ | 3 | x | 8 | = | ___ |
| 3 | x | 4 | = | ___ | 3 | x | 9 | = | ___ |
| 3 | x | 3 | = | ___ | 3 | x | 10 | = | ___ |
| 3 | x | 2 | = | ___ | 3 | x | 11 | = | ___ |
| 3 | x | 1 | = | ___ | 3 | x | 12 | = | ___ |

Times Tables (Book 1): Comprehensive Memorisation Program with Exercises

# EXERCISE #3

## • 3 Times Table •

**Step 1:** Complete the exercise below in one session, <u>without stopping</u>
**Step 2:** Check answers using the original *Standard Order* table on page 82
**Step 3:** Once finished <u>say out loud</u> the times table, with eyes *closed*!

*Note: If you get stuck or get an incorrect answer, review times table on 'Standard Order' page.*

| | | |
|---|---|---|
| 3 x 12 = ____ | | 3 x 7 = ____ |
| 3 x 9 = ____ | | 3 x 8 = ____ |
| 3 x 7 = ____ | | 3 x 2 = ____ |
| 3 x 2 = ____ | | 3 x 11 = ____ |
| 3 x 5 = ____ | | 3 x 1 = ____ |
| 3 x 10 = ____ | | 3 x 6 = ____ |
| 3 x 1 = ____ | | 3 x 10 = ____ |
| 3 x 8 = ____ | | 3 x 9 = ____ |
| 3 x 11 = ____ | | 3 x 3 = ____ |
| 3 x 6 = ____ | | 3 x 5 = ____ |
| 3 x 3 = ____ | | 3 x 4 = ____ |
| 3 x 4 = ____ | | 3 x 12 = ____ |

# EXERCISE #4

### • 3 Times Table •

**Step 1:** Complete the exercise below in one session, without stopping
**Step 2:** Check answers using the original *Standard Order* table on page 82
**Step 3:** Once finished say out loud the times table, with eyes *closed*!

*Note: If you get stuck or get an incorrect answer, review times table on 'Standard Order' page.*

| | |
|---|---|
| 3 x 8 = ____ | 3 x 9 = ____ |
| 3 x 6 = ____ | 3 x 10 = ____ |
| 3 x 3 = ____ | 3 x 7 = ____ |
| 3 x 10 = ____ | 3 x 8 = ____ |
| 3 x 7 = ____ | 3 x 1 = ____ |
| 3 x 4 = ____ | 3 x 5 = ____ |
| 3 x 1 = ____ | 3 x 6 = ____ |
| 3 x 9 = ____ | 3 x 12 = ____ |
| 3 x 2 = ____ | 3 x 4 = ____ |
| 3 x 11 = ____ | 3 x 11 = ____ |
| 3 x 12 = ____ | 3 x 2 = ____ |
| 3 x 5 = ____ | 3 x 3 = ____ |

Times Tables (Book 1): Comprehensive Memorisation Program with Exercises

# EXERCISE #5

### • 3 Times Table •

**Step 1:** Complete the exercise below in one session, <u>without stopping</u>
**Step 2:** Check answers using the original *Standard Order* table on page 82
**Step 3:** Once finished <u>say out loud</u> the times table, with eyes *closed*!

*Note: If you get stuck or get an incorrect answer, review times table on 'Standard Order' page.*

| | | |
|---|---|---|
| 3 x 11 = ____ | | 3 x 2 = ____ |
| 3 x 9 = ____ | | 3 x 12 = ____ |
| 3 x 3 = ____ | | 3 x 6 = ____ |
| 3 x 5 = ____ | | 3 x 4 = ____ |
| 3 x 6 = ____ | | 3 x 1 = ____ |
| 3 x 10 = ____ | | 3 x 9 = ____ |
| 3 x 7 = ____ | | 3 x 8 = ____ |
| 3 x 4 = ____ | | 3 x 10 = ____ |
| 3 x 2 = ____ | | 3 x 7 = ____ |
| 3 x 12 = ____ | | 3 x 5 = ____ |
| 3 x 1 = ____ | | 3 x 11 = ____ |
| 3 x 8 = ____ | | 3 x 3 = ____ |

# EXERCISE #6

### • 3 Times Table •

**Step 1:** Complete the exercise below in one session, <u>without stopping</u>
**Step 2:** Check answers using the original *Standard Order* table on page 82
**Step 3:** Once finished <u>say out loud</u> the times table, with eyes *closed*!

*Note: If you get stuck or get an incorrect answer, review times table on 'Standard Order' page.*

| | | |
|---|---|---|
| 3 x 5 = ___ | | 3 x 10 = ___ |
| 3 x 8 = ___ | | 3 x 11 = ___ |
| 3 x 9 = ___ | | 3 x 9 = ___ |
| 3 x 11 = ___ | | 3 x 7 = ___ |
| 3 x 12 = ___ | | 3 x 5 = ___ |
| 3 x 6 = ___ | | 3 x 8 = ___ |
| 3 x 1 = ___ | | 3 x 4 = ___ |
| 3 x 7 = ___ | | 3 x 2 = ___ |
| 3 x 2 = ___ | | 3 x 3 = ___ |
| 3 x 4 = ___ | | 3 x 6 = ___ |
| 3 x 3 = ___ | | 3 x 1 = ___ |
| 3 x 10 = ___ | | 3 x 12 = ___ |

Times Tables (Book 1): Comprehensive Memorisation Program with Exercises

# STOP!

Now, <u>read out loud</u> the **standard** times table below – *Repeat* three times

| | | | | |
|---|---|---|---|---|
| 3 | x | 1 | = | **3** |
| 3 | x | 2 | = | **6** |
| 3 | x | 3 | = | **9** |
| 3 | x | 4 | = | **12** |
| 3 | x | 5 | = | **15** |
| 3 | x | 6 | = | **18** |
| 3 | x | 7 | = | **21** |
| 3 | x | 8 | = | **24** |
| 3 | x | 9 | = | **27** |
| 3 | x | 10 | = | **30** |
| 3 | x | 11 | = | **33** |
| 3 | x | 12 | = | **36** |

# 3

Now, <u>read out loud</u> the **reverse** times table below – *Repeat three times*

| | | | | |
|---|---|---|---|---|
| 3 | x | 12 | = | **36** |
| 3 | x | 11 | = | **33** |
| 3 | x | 10 | = | **30** |
| 3 | x | 9 | = | **27** |
| 3 | x | 8 | = | **24** |
| 3 | x | 7 | = | **21** |
| 3 | x | 6 | = | **18** |
| 3 | x | 5 | = | **15** |
| 3 | x | 4 | = | **12** |
| 3 | x | 3 | = | **9** |
| 3 | x | 2 | = | **6** |
| 3 | x | 1 | = | **3** |

Times Tables (Book 1): Comprehensive Memorisation Program with Exercises

# EXERCISE #7

### • 3 Times Table •

**Step 1:** Complete the exercise below in one session, <u>without stopping</u>
**Step 2:** Check answers using the original *Standard Order* table on page 82
**Step 3:** Once finished <u>say out loud</u> the times table, with eyes *closed*!

*Note: If you get stuck or get an incorrect answer, review times table on 'Standard Order' page.*

| | |
|---|---|
| 3 x 1 = ____ | 3 x 12 = ____ |
| 3 x 2 = ____ | 3 x 11 = ____ |
| 3 x 3 = ____ | 3 x 10 = ____ |
| 3 x 4 = ____ | 3 x 9 = ____ |
| 3 x 5 = ____ | 3 x 8 = ____ |
| 3 x 6 = ____ | 3 x 7 = ____ |
| 3 x 7 = ____ | 3 x 6 = ____ |
| 3 x 8 = ____ | 3 x 5 = ____ |
| 3 x 9 = ____ | 3 x 4 = ____ |
| 3 x 10 = ____ | 3 x 3 = ____ |
| 3 x 11 = ____ | 3 x 2 = ____ |
| 3 x 12 = ____ | 3 x 1 = ____ |

# EXERCISE #8

**3**

### • 3 Times Table •

**Step 1:** Complete the exercise below in one session, <u>without stopping</u>
**Step 2:** Check answers using the original *Standard Order* table on page 82
**Step 3:** Once finished <u>say out loud</u> the times table, with eyes *closed*!

*Note: If you get stuck or get an incorrect answer, review times table on 'Standard Order' page.*

| | | | | | | |
|---|---|---|---|---|---|---|
| 3 | x | 12 | = | ___ | 3 x 1 = ___ |
| 3 | x | 11 | = | ___ | 3 x 2 = ___ |
| 3 | x | 10 | = | ___ | 3 x 3 = ___ |
| 3 | x | 9 | = | ___ | 3 x 4 = ___ |
| 3 | x | 8 | = | ___ | 3 x 5 = ___ |
| 3 | x | 7 | = | ___ | 3 x 6 = ___ |
| 3 | x | 6 | = | ___ | 3 x 7 = ___ |
| 3 | x | 5 | = | ___ | 3 x 8 = ___ |
| 3 | x | 4 | = | ___ | 3 x 9 = ___ |
| 3 | x | 3 | = | ___ | 3 x 10 = ___ |
| 3 | x | 2 | = | ___ | 3 x 11 = ___ |
| 3 | x | 1 | = | ___ | 3 x 12 = ___ |

Times Tables (Book 1): Comprehensive Memorisation Program with Exercises

# EXERCISE #9

### • 3 Times Table •

**Step 1:** Complete the exercise below in one session, <u>without stopping</u>
**Step 2:** Check answers using the original *Standard Order* table on page 82
**Step 3:** Once finished <u>say out loud</u> the times table, with eyes *closed*!

*Note: If you get stuck or get an incorrect answer, review times table on 'Standard Order' page.*

| | | |
|---|---|---|
| 3 × 11 = ____ | 3 × 5 = ____ |
| 3 × 5 = ____ | 3 × 4 = ____ |
| 3 × 3 = ____ | 3 × 12 = ____ |
| 3 × 1 = ____ | 3 × 8 = ____ |
| 3 × 12 = ____ | 3 × 9 = ____ |
| 3 × 8 = ____ | 3 × 1 = ____ |
| 3 × 10 = ____ | 3 × 10 = ____ |
| 3 × 9 = ____ | 3 × 7 = ____ |
| 3 × 6 = ____ | 3 × 6 = ____ |
| 3 × 7 = ____ | 3 × 3 = ____ |
| 3 × 4 = ____ | 3 × 2 = ____ |
| 3 × 2 = ____ | 3 × 11 = ____ |

# EXERCISE #10

### • 3 Times Table •

**Step 1:** Complete the exercise below in one session, <u>without stopping</u>
**Step 2:** Check answers using the original *Standard Order* table on page 82
**Step 3:** Once finished <u>say out loud</u> the times table, with eyes *closed*!

*Note: If you get stuck or get an incorrect answer, review times table on 'Standard Order' page.*

| | | | | | |
|---|---|---|---|---|---|
| 3 x 12 = ___ | | | 3 x 8 = ___ | | |
| 3 x 5 = ___ | | | 3 x 10 = ___ | | |
| 3 x 7 = ___ | | | 3 x 9 = ___ | | |
| 3 x 1 = ___ | | | 3 x 11 = ___ | | |
| 3 x 8 = ___ | | | 3 x 1 = ___ | | |
| 3 x 6 = ___ | | | 3 x 2 = ___ | | |
| 3 x 11 = ___ | | | 3 x 12 = ___ | | |
| 3 x 4 = ___ | | | 3 x 3 = ___ | | |
| 3 x 2 = ___ | | | 3 x 5 = ___ | | |
| 3 x 3 = ___ | | | 3 x 4 = ___ | | |
| 3 x 9 = ___ | | | 3 x 6 = ___ | | |
| 3 x 10 = ___ | | | 3 x 7 = ___ | | |

# EXERCISE #11

### • 3 Times Table •

**Step 1:** Complete the exercise below in one session, <u>without stopping</u>
**Step 2:** Check answers using the original *Standard Order* table on page 82
**Step 3:** Once finished <u>say out loud</u> the times table, with eyes *closed*!

*Note: If you get stuck or get an incorrect answer, review times table on 'Standard Order' page.*

| | | | | | | |
|---|---|---|---|---|---|---|
| 3 x 7 = ___ | | 3 x 3 = ___ |
| 3 x 11 = ___ | | 3 x 8 = ___ |
| 3 x 12 = ___ | | 3 x 11 = ___ |
| 3 x 8 = ___ | | 3 x 10 = ___ |
| 3 x 4 = ___ | | 3 x 1 = ___ |
| 3 x 10 = ___ | | 3 x 7 = ___ |
| 3 x 1 = ___ | | 3 x 5 = ___ |
| 3 x 2 = ___ | | 3 x 12 = ___ |
| 3 x 5 = ___ | | 3 x 2 = ___ |
| 3 x 6 = ___ | | 3 x 4 = ___ |
| 3 x 9 = ___ | | 3 x 9 = ___ |
| 3 x 3 = ___ | | 3 x 6 = ___ |

# EXERCISE #12

### • 3 Times Table •

**Step 1:** Complete the exercise below in one session, <u>without stopping</u>
**Step 2:** Check answers using the original *Standard Order* table on page 82
**Step 3:** Once finished <u>say out loud</u> the times table, with eyes *closed*!

*Note: If you get stuck or get an incorrect answer, review times table on 'Standard Order' page.*

| | | | | | | |
|---|---|---|---|---|---|---|
| 3 | x | 4 | = \_\_\_\_ | 3 | x | 1 | = \_\_\_\_ |
| 3 | x | 10 | = \_\_\_\_ | 3 | x | 12 | = \_\_\_\_ |
| 3 | x | 2 | = \_\_\_\_ | 3 | x | 8 | = \_\_\_\_ |
| 3 | x | 3 | = \_\_\_\_ | 3 | x | 3 | = \_\_\_\_ |
| 3 | x | 12 | = \_\_\_\_ | 3 | x | 10 | = \_\_\_\_ |
| 3 | x | 8 | = \_\_\_\_ | 3 | x | 4 | = \_\_\_\_ |
| 3 | x | 5 | = \_\_\_\_ | 3 | x | 7 | = \_\_\_\_ |
| 3 | x | 1 | = \_\_\_\_ | 3 | x | 6 | = \_\_\_\_ |
| 3 | x | 9 | = \_\_\_\_ | 3 | x | 5 | = \_\_\_\_ |
| 3 | x | 6 | = \_\_\_\_ | 3 | x | 2 | = \_\_\_\_ |
| 3 | x | 11 | = \_\_\_\_ | 3 | x | 11 | = \_\_\_\_ |
| 3 | x | 7 | = \_\_\_\_ | 3 | x | 9 | = \_\_\_\_ |

# STANDARD ORDER

## • 3 Divisions Table •

**Step 1:** Look and read <u>out loud</u> the division table below – *Repeat* three times

**Step 2:** <u>Cover answers</u> and read out loud, along with your answers. *Repeat* three times

**Step 3:** <u>Write down</u> without looking the complete table on a separate piece of paper. *Check answers!*

*Note: If you get stuck or get an incorrect answer, start from Step 1 again.*

| | | | | |
|---|---|---|---|---|
| **3** | ÷ | 3 | = | 1 |
| **6** | ÷ | 3 | = | 2 |
| **9** | ÷ | 3 | = | 3 |
| **12** | ÷ | 3 | = | 4 |
| **15** | ÷ | 3 | = | 5 |
| **18** | ÷ | 3 | = | 6 |
| **21** | ÷ | 3 | = | 7 |
| **24** | ÷ | 3 | = | 8 |
| **27** | ÷ | 3 | = | 9 |
| **30** | ÷ | 3 | = | 10 |
| **33** | ÷ | 3 | = | 11 |
| **36** | ÷ | 3 | = | 12 |

# REVERSE ORDER

### • 3 Divisions Table •

**Step 1:** Look and read <u>out loud</u> the divisions below – *Repeat* three times
**Step 2:** <u>Cover answers</u> and read out loud, along with your answers. *Repeat* three times
**Step 3:** <u>Write down</u> without looking the complete table on a separate piece of paper. Check answers!

*Note: If you get stuck or get an incorrect answer, start from Step 1 again.*

| | | | | |
|---|---|---|---|---|
| **36** | ÷ | 3 | = | 12 |
| **33** | ÷ | 3 | = | 11 |
| **30** | ÷ | 3 | = | 10 |
| **27** | ÷ | 3 | = | 9 |
| **24** | ÷ | 3 | = | 8 |
| **21** | ÷ | 3 | = | 7 |
| **18** | ÷ | 3 | = | 6 |
| **15** | ÷ | 3 | = | 5 |
| **12** | ÷ | 3 | = | 4 |
| **9** | ÷ | 3 | = | 3 |
| **6** | ÷ | 3 | = | 2 |
| **3** | ÷ | 3 | = | 1 |

# EXERCISE #13

## • 3 Divisions Table •

**Step 1:** Complete the exercise below in one session, <u>without stopping</u>
**Step 2:** Check answers using the original *Standard Order* table on page 98
**Step 3:** Once finished <u>say out loud</u> the divisions, with eyes *closed*!

*Note: If you get stuck or get an incorrect answer, review times table on 'Standard Order' page.*

| | | |
|---|---|---|
| 3 ÷ 3 = \_\_\_\_ | 36 ÷ 3 = \_\_\_\_ |
| 6 ÷ 3 = \_\_\_\_ | 33 ÷ 3 = \_\_\_\_ |
| 9 ÷ 3 = \_\_\_\_ | 30 ÷ 3 = \_\_\_\_ |
| 12 ÷ 3 = \_\_\_\_ | 27 ÷ 3 = \_\_\_\_ |
| 15 ÷ 3 = \_\_\_\_ | 24 ÷ 3 = \_\_\_\_ |
| 18 ÷ 3 = \_\_\_\_ | 21 ÷ 3 = \_\_\_\_ |
| 21 ÷ 3 = \_\_\_\_ | 18 ÷ 3 = \_\_\_\_ |
| 24 ÷ 3 = \_\_\_\_ | 15 ÷ 3 = \_\_\_\_ |
| 27 ÷ 3 = \_\_\_\_ | 12 ÷ 3 = \_\_\_\_ |
| 30 ÷ 3 = \_\_\_\_ | 9 ÷ 3 = \_\_\_\_ |
| 33 ÷ 3 = \_\_\_\_ | 6 ÷ 3 = \_\_\_\_ |
| 36 ÷ 3 = \_\_\_\_ | 3 ÷ 3 = \_\_\_\_ |

# EXERCISE #14

### • 3 Divisions Table •

**Step 1:** Complete the exercise below in one session, <u>without stopping</u>
**Step 2:** Check answers using the original *Standard Order* table on page 98
**Step 3:** Once finished <u>say out loud</u> the divisions, with eyes *closed*!

*Note: If you get stuck or get an incorrect answer, review divisions on 'Standard Order' page.*

| 36 ÷ 3 = \_\_\_ | 3 ÷ 3 = \_\_\_ |
|---|---|
| 33 ÷ 3 = \_\_\_ | 6 ÷ 3 = \_\_\_ |
| 30 ÷ 3 = \_\_\_ | 9 ÷ 3 = \_\_\_ |
| 27 ÷ 3 = \_\_\_ | 12 ÷ 3 = \_\_\_ |
| 24 ÷ 3 = \_\_\_ | 15 ÷ 3 = \_\_\_ |
| 21 ÷ 3 = \_\_\_ | 18 ÷ 3 = \_\_\_ |
| 18 ÷ 3 = \_\_\_ | 21 ÷ 3 = \_\_\_ |
| 15 ÷ 3 = \_\_\_ | 24 ÷ 3 = \_\_\_ |
| 12 ÷ 3 = \_\_\_ | 27 ÷ 3 = \_\_\_ |
| 9 ÷ 3 = \_\_\_ | 30 ÷ 3 = \_\_\_ |
| 6 ÷ 3 = \_\_\_ | 33 ÷ 3 = \_\_\_ |
| 3 ÷ 3 = \_\_\_ | 36 ÷ 3 = \_\_\_ |

# EXERCISE #15

### • 3 Divisions Table •

**Step 1:** Complete the exercise below in one session, <u>without stopping</u>
**Step 2:** Check answers using the original *Standard Order* table on page 98
**Step 3:** Once finished <u>say out loud</u> the divisions, with eyes *closed*!

*Note: If you get stuck or get an incorrect answer, review divisions on 'Standard Order' page.*

| | |
|---|---|
| 33 ÷ 3 = ____ | 3 ÷ 3 = ____ |
| 24 ÷ 3 = ____ | 21 ÷ 3 = ____ |
| 18 ÷ 3 = ____ | 18 ÷ 3 = ____ |
| 3 ÷ 3 = ____ | 24 ÷ 3 = ____ |
| 9 ÷ 3 = ____ | 30 ÷ 3 = ____ |
| 12 ÷ 3 = ____ | 27 ÷ 3 = ____ |
| 6 ÷ 3 = ____ | 12 ÷ 3 = ____ |
| 36 ÷ 3 = ____ | 33 ÷ 3 = ____ |
| 30 ÷ 3 = ____ | 9 ÷ 3 = ____ |
| 15 ÷ 3 = ____ | 6 ÷ 3 = ____ |
| 27 ÷ 3 = ____ | 36 ÷ 3 = ____ |
| 21 ÷ 3 = ____ | 15 ÷ 3 = ____ |

# EXERCISE #16

### • 3 Divisions Table •

**Step 1:** Complete the exercise below in one session, <u>without stopping</u>
**Step 2:** Check answers using the original *Standard Order* table on page 98
**Step 3:** Once finished <u>say out loud</u> the divisions, with eyes *closed*!

*Note: If you get stuck or get an incorrect answer, review divisions on 'Standard Order' page.*

| | |
|---|---|
| 18 ÷ 3 = ____ | 27 ÷ 3 = ____ |
| 30 ÷ 3 = ____ | 21 ÷ 3 = ____ |
| 33 ÷ 3 = ____ | 3 ÷ 3 = ____ |
| 12 ÷ 3 = ____ | 9 ÷ 3 = ____ |
| 15 ÷ 3 = ____ | 6 ÷ 3 = ____ |
| 9 ÷ 3 = ____ | 12 ÷ 3 = ____ |
| 27 ÷ 3 = ____ | 24 ÷ 3 = ____ |
| 6 ÷ 3 = ____ | 15 ÷ 3 = ____ |
| 21 ÷ 3 = ____ | 18 ÷ 3 = ____ |
| 36 ÷ 3 = ____ | 33 ÷ 3 = ____ |
| 3 ÷ 3 = ____ | 30 ÷ 3 = ____ |
| 24 ÷ 3 = ____ | 36 ÷ 3 = ____ |

# EXERCISE #17

### • 3 Divisions Table •

**Step 1:** Complete the exercise below in one session, <u>without stopping</u>
**Step 2:** Check answers using the original *Standard Order* table on page 98
**Step 3:** Once finished <u>say out loud</u> the divisions, with eyes *closed*!

*Note: If you get stuck or get an incorrect answer, review divisions on 'Standard Order' page.*

| | |
|---|---|
| 30 ÷ 3 = \_\_\_\_ | 21 ÷ 3 = \_\_\_\_ |
| 12 ÷ 3 = \_\_\_\_ | 3 ÷ 3 = \_\_\_\_ |
| 6 ÷ 3 = \_\_\_\_ | 33 ÷ 3 = \_\_\_\_ |
| 24 ÷ 3 = \_\_\_\_ | 9 ÷ 3 = \_\_\_\_ |
| 21 ÷ 3 = \_\_\_\_ | 6 ÷ 3 = \_\_\_\_ |
| 27 ÷ 3 = \_\_\_\_ | 27 ÷ 3 = \_\_\_\_ |
| 18 ÷ 3 = \_\_\_\_ | 18 ÷ 3 = \_\_\_\_ |
| 15 ÷ 3 = \_\_\_\_ | 12 ÷ 3 = \_\_\_\_ |
| 33 ÷ 3 = \_\_\_\_ | 24 ÷ 3 = \_\_\_\_ |
| 36 ÷ 3 = \_\_\_\_ | 15 ÷ 3 = \_\_\_\_ |
| 3 ÷ 3 = \_\_\_\_ | 36 ÷ 3 = \_\_\_\_ |
| 9 ÷ 3 = \_\_\_\_ | 30 ÷ 3 = \_\_\_\_ |

# EXERCISE #18

### • 3 Divisions Table •

**Step 1:** Complete the exercise below in one session, <u>without stopping</u>
**Step 2:** Check answers using the original *Standard Order* table on page 98
**Step 3:** Once finished <u>say out loud</u> the divisions, with eyes *closed*!

*Note: If you get stuck or get an incorrect answer, review divisions on 'Standard Order' page.*

| | |
|---|---|
| 6 ÷ 3 = ____ | 24 ÷ 3 = ____ |
| 15 ÷ 3 = ____ | 15 ÷ 3 = ____ |
| 24 ÷ 3 = ____ | 27 ÷ 3 = ____ |
| 36 ÷ 3 = ____ | 33 ÷ 3 = ____ |
| 30 ÷ 3 = ____ | 30 ÷ 3 = ____ |
| 12 ÷ 3 = ____ | 12 ÷ 3 = ____ |
| 21 ÷ 3 = ____ | 3 ÷ 3 = ____ |
| 18 ÷ 3 = ____ | 36 ÷ 3 = ____ |
| 33 ÷ 3 = ____ | 9 ÷ 3 = ____ |
| 3 ÷ 3 = ____ | 6 ÷ 3 = ____ |
| 9 ÷ 3 = ____ | 21 ÷ 3 = ____ |
| 27 ÷ 3 = ____ | 18 ÷ 3 = ____ |

# STOP!

Now, read out loud the divisions below – *Repeat three times*

| | | | | |
|---|---|---|---|---|
| **3** | ÷ | 3 | = | 1 |
| **6** | ÷ | 3 | = | 2 |
| **9** | ÷ | 3 | = | 3 |
| **12** | ÷ | 3 | = | 4 |
| **15** | ÷ | 3 | = | 5 |
| **18** | ÷ | 3 | = | 6 |
| **21** | ÷ | 3 | = | 7 |
| **24** | ÷ | 3 | = | 8 |
| **27** | ÷ | 3 | = | 9 |
| **30** | ÷ | 3 | = | 10 |
| **33** | ÷ | 3 | = | 11 |
| **36** | ÷ | 3 | = | 12 |

# 3

Now, <u>read out loud</u> the **reverse** divisions below – *Repeat three times*

| | | | | |
|---|---|---|---|---|
| **36** | ÷ | 3 | = | 12 |
| **33** | ÷ | 3 | = | 11 |
| **30** | ÷ | 3 | = | 10 |
| **27** | ÷ | 3 | = | 9 |
| **24** | ÷ | 3 | = | 8 |
| **21** | ÷ | 3 | = | 7 |
| **18** | ÷ | 3 | = | 6 |
| **15** | ÷ | 3 | = | 5 |
| **12** | ÷ | 3 | = | 4 |
| **9** | ÷ | 3 | = | 3 |
| **6** | ÷ | 3 | = | 2 |
| **3** | ÷ | 3 | = | 1 |

# EXERCISE #19

### • 3 Divisions Table •

**Step 1:** Complete the exercise below in one session, <u>without stopping</u>
**Step 2:** Check answers using the original *Standard Order* table on page 98
**Step 3:** Once finished <u>say out loud</u> the divisions, with eyes *closed*!

*Note: If you get stuck or get an incorrect answer, review divisions on 'Standard Order' page.*

| | | |
|---|---|---|
| 3 ÷ 3 = \_\_\_\_ | | 36 ÷ 3 = \_\_\_\_ |
| 6 ÷ 3 = \_\_\_\_ | | 33 ÷ 3 = \_\_\_\_ |
| 9 ÷ 3 = \_\_\_\_ | | 30 ÷ 3 = \_\_\_\_ |
| 12 ÷ 3 = \_\_\_\_ | | 27 ÷ 3 = \_\_\_\_ |
| 15 ÷ 3 = \_\_\_\_ | | 24 ÷ 3 = \_\_\_\_ |
| 18 ÷ 3 = \_\_\_\_ | | 21 ÷ 3 = \_\_\_\_ |
| 21 ÷ 3 = \_\_\_\_ | | 18 ÷ 3 = \_\_\_\_ |
| 24 ÷ 3 = \_\_\_\_ | | 15 ÷ 3 = \_\_\_\_ |
| 27 ÷ 3 = \_\_\_\_ | | 12 ÷ 3 = \_\_\_\_ |
| 30 ÷ 3 = \_\_\_\_ | | 9 ÷ 3 = \_\_\_\_ |
| 33 ÷ 3 = \_\_\_\_ | | 6 ÷ 3 = \_\_\_\_ |
| 36 ÷ 3 = \_\_\_\_ | | 3 ÷ 3 = \_\_\_\_ |

# EXERCISE # 20

### • 3 Divisions Table •

**Step 1:** Complete the exercise below in one session, <u>without stopping</u>
**Step 2:** Check answers using the original *Standard Order* table on page 98
**Step 3:** Once finished <u>say out loud</u> the divisions, with eyes *closed*!

*Note: If you get stuck or get an incorrect answer, review divisions on 'Standard Order' page.*

| | | |
|---|---|---|
| 36 ÷ 3 = \_\_\_\_ | 3 ÷ 3 = \_\_\_\_ |
| 33 ÷ 3 = \_\_\_\_ | 6 ÷ 3 = \_\_\_\_ |
| 30 ÷ 3 = \_\_\_\_ | 9 ÷ 3 = \_\_\_\_ |
| 27 ÷ 3 = \_\_\_\_ | 12 ÷ 3 = \_\_\_\_ |
| 24 ÷ 3 = \_\_\_\_ | 15 ÷ 3 = \_\_\_\_ |
| 21 ÷ 3 = \_\_\_\_ | 18 ÷ 3 = \_\_\_\_ |
| 18 ÷ 3 = \_\_\_\_ | 21 ÷ 3 = \_\_\_\_ |
| 15 ÷ 3 = \_\_\_\_ | 24 ÷ 3 = \_\_\_\_ |
| 12 ÷ 3 = \_\_\_\_ | 27 ÷ 3 = \_\_\_\_ |
| 9 ÷ 3 = \_\_\_\_ | 30 ÷ 3 = \_\_\_\_ |
| 6 ÷ 3 = \_\_\_\_ | 33 ÷ 3 = \_\_\_\_ |
| 3 ÷ 3 = \_\_\_\_ | 36 ÷ 3 = \_\_\_\_ |

# EXERCISE # 21

### • 3 Divisions Table •

**Step 1:** Complete the exercise below in one session, <u>without stopping</u>
**Step 2:** Check answers using the original *Standard Order* table on page 98
**Step 3:** Once finished <u>say out loud</u> the divisions, with eyes *closed*!

*Note: If you get stuck or get an incorrect answer, review divisions on 'Standard Order' page.*

| | | |
|---|---|---|
| 27 ÷ 3 = \_\_\_\_ | | 12 ÷ 3 = \_\_\_\_ |
| 24 ÷ 3 = \_\_\_\_ | | 18 ÷ 3 = \_\_\_\_ |
| 30 ÷ 3 = \_\_\_\_ | | 3 ÷ 3 = \_\_\_\_ |
| 36 ÷ 3 = \_\_\_\_ | | 15 ÷ 3 = \_\_\_\_ |
| 12 ÷ 3 = \_\_\_\_ | | 36 ÷ 3 = \_\_\_\_ |
| 3 ÷ 3 = \_\_\_\_ | | 24 ÷ 3 = \_\_\_\_ |
| 33 ÷ 3 = \_\_\_\_ | | 27 ÷ 3 = \_\_\_\_ |
| 18 ÷ 3 = \_\_\_\_ | | 6 ÷ 3 = \_\_\_\_ |
| 6 ÷ 3 = \_\_\_\_ | | 30 ÷ 3 = \_\_\_\_ |
| 21 ÷ 3 = \_\_\_\_ | | 21 ÷ 3 = \_\_\_\_ |
| 9 ÷ 3 = \_\_\_\_ | | 9 ÷ 3 = \_\_\_\_ |
| 15 ÷ 3 = \_\_\_\_ | | 33 ÷ 3 = \_\_\_\_ |

# EXERCISE #22

### • 3 Divisions Table •

**Step 1:** Complete the exercise below in one session, without stopping
**Step 2:** Check answers using the original *Standard Order* table on page 98
**Step 3:** Once finished say out loud the divisions, with eyes *closed*!

*Note: If you get stuck or get an incorrect answer, review divisions on 'Standard Order' page.*

| | | |
|---|---|---|
| 33 ÷ 3 = \_\_\_\_ | | 15 ÷ 3 = \_\_\_\_ |
| 27 ÷ 3 = \_\_\_\_ | | 3 ÷ 3 = \_\_\_\_ |
| 30 ÷ 3 = \_\_\_\_ | | 12 ÷ 3 = \_\_\_\_ |
| 36 ÷ 3 = \_\_\_\_ | | 30 ÷ 3 = \_\_\_\_ |
| 18 ÷ 3 = \_\_\_\_ | | 9 ÷ 3 = \_\_\_\_ |
| 15 ÷ 3 = \_\_\_\_ | | 6 ÷ 3 = \_\_\_\_ |
| 24 ÷ 3 = \_\_\_\_ | | 18 ÷ 3 = \_\_\_\_ |
| 3 ÷ 3 = \_\_\_\_ | | 24 ÷ 3 = \_\_\_\_ |
| 21 ÷ 3 = \_\_\_\_ | | 27 ÷ 3 = \_\_\_\_ |
| 6 ÷ 3 = \_\_\_\_ | | 36 ÷ 3 = \_\_\_\_ |
| 9 ÷ 3 = \_\_\_\_ | | 21 ÷ 3 = \_\_\_\_ |
| 12 ÷ 3 = \_\_\_\_ | | 33 ÷ 3 = \_\_\_\_ |

# EXERCISE # 23

### • 3 Divisions Table •

**Step 1:** Complete the exercise below in one session, <u>without stopping</u>
**Step 2:** Check answers using the original *Standard Order* table on page 98
**Step 3:** Once finished <u>say out loud</u> the divisions, with eyes *closed*!

*Note: If you get stuck or get an incorrect answer, review divisions on 'Standard Order' page.*

| | |
|---|---|
| 36 ÷ 3 = ____ | 9 ÷ 3 = ____ |
| 12 ÷ 3 = ____ | 30 ÷ 3 = ____ |
| 3 ÷ 3 = ____ | 18 ÷ 3 = ____ |
| 30 ÷ 3 = ____ | 12 ÷ 3 = ____ |
| 6 ÷ 3 = ____ | 6 ÷ 3 = ____ |
| 21 ÷ 3 = ____ | 33 ÷ 3 = ____ |
| 27 ÷ 3 = ____ | 24 ÷ 3 = ____ |
| 9 ÷ 3 = ____ | 15 ÷ 3 = ____ |
| 24 ÷ 3 = ____ | 3 ÷ 3 = ____ |
| 15 ÷ 3 = ____ | 36 ÷ 3 = ____ |
| 18 ÷ 3 = ____ | 27 ÷ 3 = ____ |
| 33 ÷ 3 = ____ | 21 ÷ 3 = ____ |

# EXERCISE #24

### • 3 Divisions Table •

**Step 1:** Complete the exercise below in one session, <u>without stopping</u>
**Step 2:** Check answers using the original *Standard Order* table on page 98
**Step 3:** Once finished <u>say out loud</u> the divisions, with eyes *closed*!

*Note: If you get stuck or get an incorrect answer, review divisions on 'Standard Order' page.*

| | | | | | | |
|---|---|---|---|---|---|---|
| 6 | ÷ | 3 | = ____ | 15 | ÷ | 3 | = ____ |
| 9 | ÷ | 3 | = ____ | 9 | ÷ | 3 | = ____ |
| 33 | ÷ | 3 | = ____ | 30 | ÷ | 3 | = ____ |
| 36 | ÷ | 3 | = ____ | 24 | ÷ | 3 | = ____ |
| 15 | ÷ | 3 | = ____ | 3 | ÷ | 3 | = ____ |
| 3 | ÷ | 3 | = ____ | 18 | ÷ | 3 | = ____ |
| 27 | ÷ | 3 | = ____ | 33 | ÷ | 3 | = ____ |
| 21 | ÷ | 3 | = ____ | 27 | ÷ | 3 | = ____ |
| 30 | ÷ | 3 | = ____ | 12 | ÷ | 3 | = ____ |
| 24 | ÷ | 3 | = ____ | 36 | ÷ | 3 | = ____ |
| 12 | ÷ | 3 | = ____ | 6 | ÷ | 3 | = ____ |
| 18 | ÷ | 3 | = ____ | 21 | ÷ | 3 | = ____ |

# EXERCISE # 25

## • 3 Multiplications & Divisions •

**Step 1:** Complete the exercise below in one session, without stopping
**Step 2:** Check answers using the original *Standard Order* table on pages 82 & 98

*Note: If you get stuck or get an incorrect answer, review table on 'Standard Order' pages.*

| | |
|---|---|
| 9 ÷ 3 = ____ | 33 ÷ 3 = ____ |
| 6 ÷ 3 = ____ | 3 x 4 = ____ |
| 3 x 1 = ____ | 3 x 9 = ____ |
| 3 x 12 = ____ | 3 x 3 = ____ |
| 3 x 6 = ____ | 3 x 10 = ____ |
| 24 ÷ 3 = ____ | 15 ÷ 3 = ____ |
| 21 ÷ 3 = ____ | 3 x 11 = ____ |
| 3 x 8 = ____ | 30 ÷ 3 = ____ |
| 18 ÷ 3 = ____ | 3 x 5 = ____ |
| 3 x 2 = ____ | 36 ÷ 3 = ____ |
| 3 ÷ 3 = ____ | 3 x 7 = ____ |
| 12 ÷ 3 = ____ | 27 ÷ 3 = ____ |

# EXERCISE #26

**3 Multiplications & Divisions**

**Step 1:** Complete the exercise below in one session, <u>without stopping</u>
**Step 2:** Check answers using the original *Standard Order* table on pages 82 & 98

*Note: If you get stuck or get an incorrect answer, review table on 'Standard Order' pages.*

| | | |
|---|---|---|
| 3 x 11 = \_\_\_\_ | 3 x 7 = \_\_\_\_ |
| 3 x 5 = \_\_\_\_ | 3 x 9 = \_\_\_\_ |
| 21 ÷ 3 = \_\_\_\_ | 3 x 1 = \_\_\_\_ |
| 33 ÷ 3 = \_\_\_\_ | 3 ÷ 3 = \_\_\_\_ |
| 15 ÷ 3 = \_\_\_\_ | 3 x 3 = \_\_\_\_ |
| 9 ÷ 3 = \_\_\_\_ | 24 ÷ 3 = \_\_\_\_ |
| 6 ÷ 3 = \_\_\_\_ | 36 ÷ 3 = \_\_\_\_ |
| 30 ÷ 3 = \_\_\_\_ | 27 ÷ 3 = \_\_\_\_ |
| 18 ÷ 3 = \_\_\_\_ | 3 x 2 = \_\_\_\_ |
| 3 x 12 = \_\_\_\_ | 3 x 8 = \_\_\_\_ |
| 3 x 10 = \_\_\_\_ | 12 ÷ 3 = \_\_\_\_ |
| 3 x 4 = \_\_\_\_ | 3 x 6 = \_\_\_\_ |

# EXERCISE #27

### • 3 Multiplications & Divisions •

**Step 1:** Complete the exercise below in one session, <u>without stopping</u>
**Step 2:** Check answers using the original *Standard Order* table on pages 82 & 98

*Note: If you get stuck or get an incorrect answer, review table on 'Standard Order' pages.*

| | | | | | | | |
|---|---|---|---|---|---|---|---|
| 6 | ÷ | 3 | = _____ | 12 | ÷ | 3 | = _____ |
| 3 | ÷ | 3 | = _____ | 24 | ÷ | 3 | = _____ |
| 33 | ÷ | 3 | = _____ | 3 | x | 11 | = _____ |
| 3 | x | 6 | = _____ | 3 | x | 1 | = _____ |
| 18 | ÷ | 3 | = _____ | 21 | ÷ | 3 | = _____ |
| 3 | x | 9 | = _____ | 15 | ÷ | 3 | = _____ |
| 3 | x | 5 | = _____ | 3 | x | 7 | = _____ |
| 3 | x | 3 | = _____ | 9 | ÷ | 3 | = _____ |
| 3 | x | 12 | = _____ | 3 | x | 8 | = _____ |
| 36 | ÷ | 3 | = _____ | 30 | ÷ | 3 | = _____ |
| 3 | x | 4 | = _____ | 3 | x | 10 | = _____ |
| 3 | x | 2 | = _____ | 27 | ÷ | 3 | = _____ |

# EXERCISE #28

**3 Multiplications & Divisions**

**Step 1:** Complete the exercise below in one session, <u>without stopping</u>
**Step 2:** Check answers using the original *Standard Order* table on pages 82 & 98

*Note: If you get stuck or get an incorrect answer, review table on 'Standard Order' pages.*

| | |
|---|---|
| 27 ÷ 3 = ____ | 36 ÷ 3 = ____ |
| 15 ÷ 3 = ____ | 33 ÷ 3 = ____ |
| 3 x 11 = ____ | 18 ÷ 3 = ____ |
| 21 ÷ 3 = ____ | 3 x 1 = ____ |
| 3 x 5 = ____ | 24 ÷ 3 = ____ |
| 3 x 9 = ____ | 3 x 8 = ____ |
| 3 x 10 = ____ | 3 x 7 = ____ |
| 30 ÷ 3 = ____ | 3 ÷ 3 = ____ |
| 9 ÷ 3 = ____ | 3 x 2 = ____ |
| 12 ÷ 3 = ____ | 6 ÷ 3 = ____ |
| 3 x 4 = ____ | 3 x 6 = ____ |
| 3 x 12 = ____ | 3 x 3 = ____ |

Times Tables (Book 1): Comprehensive Memorisation Program with Exercises

# CONGRATULATIONS!

You have learnt your
**3** multiplications and divisions!

_____
Date

*Now let's revise!*

# Tables 1 – 3

## Review Exercises

# REVIEW EXERCISES #1

### • 1 – 3 Multiplications & Divisions •

**Step 1:** Complete the exercise below in one session, <u>without stopping</u>
**Step 2:** Check answers using the original *Standard Order* tables

*Note: If you get stuck or get an incorrect answer, review table on 'Standard Order' pages.*

| | |
|---|---|
| 18 ÷ 3 = \_\_\_\_ | 5 ÷ 5 = \_\_\_\_ |
| 21 ÷ 3 = \_\_\_\_ | 22 ÷ 2 = \_\_\_\_ |
| 2 x 9 = \_\_\_\_ | 1 x 7 = \_\_\_\_ |
| 11 ÷ 11 = \_\_\_\_ | 3 x 1 = \_\_\_\_ |
| 2 x 8 = \_\_\_\_ | 15 ÷ 3 = \_\_\_\_ |
| 10 ÷ 10 = \_\_\_\_ | 16 ÷ 2 = \_\_\_\_ |
| 2 x 4 = \_\_\_\_ | 30 ÷ 3 = \_\_\_\_ |
| 3 x 6 = \_\_\_\_ | 6 ÷ 3 = \_\_\_\_ |
| 2 ÷ 2 = \_\_\_\_ | 3 x 10 = \_\_\_\_ |
| 6 ÷ 6 = \_\_\_\_ | 10 ÷ 2 = \_\_\_\_ |
| 24 ÷ 3 = \_\_\_\_ | 3 x 4 = \_\_\_\_ |
| 3 x 11 = \_\_\_\_ | 1 x 2 = \_\_\_\_ |

# REVIEW EXERCISES #2

### • 1 – 3 Multiplications & Divisions •

**Step 1:** Complete the exercise below in one session, <u>without stopping</u>
**Step 2:** Check answers using the original *Standard Order* tables

*Note: If you get stuck or get an incorrect answer, review table on 'Standard Order' pages.*

| | |
|---|---|
| 12 ÷ 3 = ____ | 3 x 2 = ____ |
| 2 x 10 = ____ | 36 ÷ 3 = ____ |
| 2 x 6 = ____ | 1 x 8 = ____ |
| 3 x 7 = ____ | 9 ÷ 9 = ____ |
| 3 ÷ 3 = ____ | 3 x 8 = ____ |
| 1 x 10 = ____ | 2 x 12 = ____ |
| 1 x 4 = ____ | 3 x 9 = ____ |
| 14 ÷ 2 = ____ | 18 ÷ 2 = ____ |
| 1 x 12 = ____ | 4 ÷ 4 = ____ |
| 27 ÷ 3 = ____ | 1 x 5 = ____ |
| 20 ÷ 2 = ____ | 2 x 1 = ____ |
| 1 x 11 = ____ | 2 ÷ 2 = ____ |

# REVIEW EXERCISES #3

### • 1 – 3 Multiplications & Divisions •

**Step 1:** Complete the exercise below in one session, <u>without stopping</u>
**Step 2:** Check answers using the original *Standard Order* tables

*Note: If you get stuck or get an incorrect answer, review table on 'Standard Order' pages.*

| | |
|---|---|
| 1 x 3 = ____ | 9 ÷ 3 = ____ |
| 2 x 7 = ____ | 2 x 11 = ____ |
| 12 ÷ 2 = ____ | 2 x 5 = ____ |
| 1 x 6 = ____ | 2 x 3 = ____ |
| 6 ÷ 2 = ____ | 3 ÷ 3 = ____ |
| 8 ÷ 8 = ____ | 1 x 9 = ____ |
| 24 ÷ 2 = ____ | 33 ÷ 3 = ____ |
| 8 ÷ 2 = ____ | 7 ÷ 7 = ____ |
| 12 ÷ 12 = ____ | 4 ÷ 2 = ____ |
| 3 x 3 = ____ | 1 x 1 = ____ |
| 1 ÷ 1 = ____ | 3 x 5 = ____ |
| 2 x 2 = ____ | 3 x 12 = ____ |

*Now you are ready to learn your*

**4**

# times table.

# STANDARD ORDER

### • 4 Times Table •

**Step 1:** Look and read <u>out loud</u> the times table below – *<u>Repeat</u> three times*

**Step 2:** <u>Cover answers</u> and read out loud, along with your answers. *<u>Repeat</u> three times*

**Step 3:** <u>Write down</u> without looking the complete table on a separate piece of paper. Check answers!

*Note: If you get stuck or get an incorrect answer, start from Step 1 again.*

| | | | | |
|---|---|---|---|---|
| 4 | x | 1 | = | **4** |
| 4 | x | 2 | = | **8** |
| 4 | x | 3 | = | **12** |
| 4 | x | 4 | = | **16** |
| 4 | x | 5 | = | **20** |
| 4 | x | 6 | = | **24** |
| 4 | x | 7 | = | **28** |
| 4 | x | 8 | = | **32** |
| 4 | x | 9 | = | **36** |
| 4 | x | 10 | = | **40** |
| 4 | x | 11 | = | **44** |
| 4 | x | 12 | = | **48** |

# REVERSE ORDER

### • 4 Times Table •

**Step 1:** Look and read <u>out loud</u> the times table below – *Repeat* three times
**Step 2:** <u>Cover answers</u> and read out loud, along with your answers. *Repeat* three times
**Step 3:** <u>Write down</u> without looking the complete table on a separate piece of paper. *Check answers!*

*Note: If you get stuck or get an incorrect answer, start from Step 1 again.*

| | | | | |
|---|---|---|---|---|
| 4 | x | 12 | = | 48 |
| 4 | x | 11 | = | 44 |
| 4 | x | 10 | = | 40 |
| 4 | x | 9 | = | 36 |
| 4 | x | 8 | = | 32 |
| 4 | x | 7 | = | 28 |
| 4 | x | 6 | = | 24 |
| 4 | x | 5 | = | 20 |
| 4 | x | 4 | = | 16 |
| 4 | x | 3 | = | 12 |
| 4 | x | 2 | = | 8 |
| 4 | x | 1 | = | 4 |

# EXERCISE #1

### • 4 Times Table •

**Step 1:** Complete the exercise below in one session, <u>without stopping</u>
**Step 2:** Check answers using the original *Standard Order* table on page 124
**Step 3:** Once finished <u>say out loud</u> the times table, with eyes *closed*!

*Note: If you get stuck or get an incorrect answer, review times table on 'Standard Order' page.*

| | |
|---|---|
| 4 x 1 = ____ | 4 x 12 = ____ |
| 4 x 2 = ____ | 4 x 11 = ____ |
| 4 x 3 = ____ | 4 x 10 = ____ |
| 4 x 4 = ____ | 4 x 9 = ____ |
| 4 x 5 = ____ | 4 x 8 = ____ |
| 4 x 6 = ____ | 4 x 7 = ____ |
| 4 x 7 = ____ | 4 x 6 = ____ |
| 4 x 8 = ____ | 4 x 5 = ____ |
| 4 x 9 = ____ | 4 x 4 = ____ |
| 4 x 10 = ____ | 4 x 3 = ____ |
| 4 x 11 = ____ | 4 x 2 = ____ |
| 4 x 12 = ____ | 4 x 1 = ____ |

# EXERCISE #2

### • 4 Times Table •

**Step 1:** Complete the exercise below in one session, <u>without stopping</u>
**Step 2:** Check answers using the original *Standard Order* table on page 124
**Step 3:** Once finished <u>say out loud</u> the times table, with eyes *closed*!

*Note: If you get stuck or get an incorrect answer, review times table on 'Standard Order' page.*

| | | | | | | | |
|---|---|---|---|---|---|---|---|
| 4 | x | 12 | = \_\_\_\_ | 4 | x | 1 | = \_\_\_\_ |
| 4 | x | 11 | = \_\_\_\_ | 4 | x | 2 | = \_\_\_\_ |
| 4 | x | 10 | = \_\_\_\_ | 4 | x | 3 | = \_\_\_\_ |
| 4 | x | 9 | = \_\_\_\_ | 4 | x | 4 | = \_\_\_\_ |
| 4 | x | 8 | = \_\_\_\_ | 4 | x | 5 | = \_\_\_\_ |
| 4 | x | 7 | = \_\_\_\_ | 4 | x | 6 | = \_\_\_\_ |
| 4 | x | 6 | = \_\_\_\_ | 4 | x | 7 | = \_\_\_\_ |
| 4 | x | 5 | = \_\_\_\_ | 4 | x | 8 | = \_\_\_\_ |
| 4 | x | 4 | = \_\_\_\_ | 4 | x | 9 | = \_\_\_\_ |
| 4 | x | 3 | = \_\_\_\_ | 4 | x | 10 | = \_\_\_\_ |
| 4 | x | 2 | = \_\_\_\_ | 4 | x | 11 | = \_\_\_\_ |
| 4 | x | 1 | = \_\_\_\_ | 4 | x | 12 | = \_\_\_\_ |

# EXERCISE #3

## • 4 Times Table •

**Step 1:** Complete the exercise below in one session, <u>without stopping</u>
**Step 2:** Check answers using the original *Standard Order* table on page 124
**Step 3:** Once finished <u>say out loud</u> the times table, with eyes *closed*!

*Note: If you get stuck or get an incorrect answer, review times table on 'Standard Order' page.*

| | | |
|---|---|---|
| 4 x 9 = ____ | | 4 x 6 = ____ |
| 4 x 10 = ____ | | 4 x 9 = ____ |
| 4 x 5 = ____ | | 4 x 1 = ____ |
| 4 x 1 = ____ | | 4 x 12 = ____ |
| 4 x 12 = ____ | | 4 x 8 = ____ |
| 4 x 3 = ____ | | 4 x 2 = ____ |
| 4 x 6 = ____ | | 4 x 3 = ____ |
| 4 x 8 = ____ | | 4 x 5 = ____ |
| 4 x 2 = ____ | | 4 x 11 = ____ |
| 4 x 7 = ____ | | 4 x 7 = ____ |
| 4 x 11 = ____ | | 4 x 4 = ____ |
| 4 x 4 = ____ | | 4 x 10 = ____ |

# EXERCISE #4

### • 4 Times Table •

**Step 1:** Complete the exercise below in one session, <u>without stopping</u>
**Step 2:** Check answers using the original *Standard Order* table on page 124
**Step 3:** Once finished <u>say out loud</u> the times table, with eyes *closed*!

*Note: If you get stuck or get an incorrect answer, review times table on 'Standard Order' page.*

| | |
|---|---|
| 4 x 8 = ____ | 4 x 5 = ____ |
| 4 x 12 = ____ | 4 x 10 = ____ |
| 4 x 2 = ____ | 4 x 11 = ____ |
| 4 x 1 = ____ | 4 x 4 = ____ |
| 4 x 9 = ____ | 4 x 6 = ____ |
| 4 x 4 = ____ | 4 x 12 = ____ |
| 4 x 10 = ____ | 4 x 3 = ____ |
| 4 x 6 = ____ | 4 x 9 = ____ |
| 4 x 11 = ____ | 4 x 1 = ____ |
| 4 x 5 = ____ | 4 x 8 = ____ |
| 4 x 3 = ____ | 4 x 7 = ____ |
| 4 x 7 = ____ | 4 x 2 = ____ |

Times Tables (Book 1): Comprehensive Memorisation Program with Exercises

# EXERCISE #5

### • 4 Times Table •

**Step 1:** Complete the exercise below in one session, <u>without stopping</u>
**Step 2:** Check answers using the original *Standard Order* table on page 124
**Step 3:** Once finished <u>say out loud</u> the times table, with eyes *closed*!

*Note: If you get stuck or get an incorrect answer, review times table on 'Standard Order' page.*

| | | |
|---|---|---|
| 4 x 11 = ____ | 4 x 3 = ____ |
| 4 x 10 = ____ | 4 x 9 = ____ |
| 4 x 4 = ____ | 4 x 7 = ____ |
| 4 x 8 = ____ | 4 x 6 = ____ |
| 4 x 12 = ____ | 4 x 1 = ____ |
| 4 x 1 = ____ | 4 x 12 = ____ |
| 4 x 9 = ____ | 4 x 5 = ____ |
| 4 x 6 = ____ | 4 x 10 = ____ |
| 4 x 5 = ____ | 4 x 8 = ____ |
| 4 x 3 = ____ | 4 x 11 = ____ |
| 4 x 2 = ____ | 4 x 2 = ____ |
| 4 x 7 = ____ | 4 x 4 = ____ |

# EXERCISE #6

### • 4 Times Table •

**Step 1:** Complete the exercise below in one session, <u>without stopping</u>
**Step 2:** Check answers using the original *Standard Order* table on page 124
**Step 3:** Once finished <u>say out loud</u> the times table, with eyes *closed*!

*Note: If you get stuck or get an incorrect answer, review times table on 'Standard Order' page.*

| | | |
|---|---|---|
| 4 x 7 = \_\_\_\_ | 4 x 12 = \_\_\_\_ |
| 4 x 1 = \_\_\_\_ | 4 x 8 = \_\_\_\_ |
| 4 x 5 = \_\_\_\_ | 4 x 3 = \_\_\_\_ |
| 4 x 11 = \_\_\_\_ | 4 x 1 = \_\_\_\_ |
| 4 x 8 = \_\_\_\_ | 4 x 4 = \_\_\_\_ |
| 4 x 2 = \_\_\_\_ | 4 x 7 = \_\_\_\_ |
| 4 x 12 = \_\_\_\_ | 4 x 5 = \_\_\_\_ |
| 4 x 3 = \_\_\_\_ | 4 x 6 = \_\_\_\_ |
| 4 x 10 = \_\_\_\_ | 4 x 11 = \_\_\_\_ |
| 4 x 9 = \_\_\_\_ | 4 x 2 = \_\_\_\_ |
| 4 x 6 = \_\_\_\_ | 4 x 9 = \_\_\_\_ |
| 4 x 4 = \_\_\_\_ | 4 x 10 = \_\_\_\_ |

# STOP!

Now, <u>read out loud</u> the **standard** times table below – *Repeat* three times

| | | | | |
|---|---|---|---|---|
| 4 | x | 1 | = | **4** |
| 4 | x | 2 | = | **8** |
| 4 | x | 3 | = | **12** |
| 4 | x | 4 | = | **16** |
| 4 | x | 5 | = | **20** |
| 4 | x | 6 | = | **24** |
| 4 | x | 7 | = | **28** |
| 4 | x | 8 | = | **32** |
| 4 | x | 9 | = | **36** |
| 4 | x | 10 | = | **40** |
| 4 | x | 11 | = | **44** |
| 4 | x | 12 | = | **48** |

# 4

Now, <u>read out loud</u> the **reverse** times table below – *Repeat three times*

| | | | | |
|---|---|---|---|---|
| 4 | x | 12 | = | **48** |
| 4 | x | 11 | = | **44** |
| 4 | x | 10 | = | **40** |
| 4 | x | 9 | = | **36** |
| 4 | x | 8 | = | **32** |
| 4 | x | 7 | = | **28** |
| 4 | x | 6 | = | **24** |
| 4 | x | 5 | = | **20** |
| 4 | x | 4 | = | **16** |
| 4 | x | 3 | = | **12** |
| 4 | x | 2 | = | **8** |
| 4 | x | 1 | = | **4** |

# EXERCISE #7

### • 4 Times Table •

**Step 1:** Complete the exercise below in one session, <u>without stopping</u>
**Step 2:** Check answers using the original *Standard Order* table on page 124
**Step 3:** Once finished <u>say out loud</u> the times table, with eyes *closed*!

*Note: If you get stuck or get an incorrect answer, review times table on 'Standard Order' page.*

| | | |
|---|---|---|
| 4 x 1 = ____ | | 4 x 12 = ____ |
| 4 x 2 = ____ | | 4 x 11 = ____ |
| 4 x 3 = ____ | | 4 x 10 = ____ |
| 4 x 4 = ____ | | 4 x 9 = ____ |
| 4 x 5 = ____ | | 4 x 8 = ____ |
| 4 x 6 = ____ | | 4 x 7 = ____ |
| 4 x 7 = ____ | | 4 x 6 = ____ |
| 4 x 8 = ____ | | 4 x 5 = ____ |
| 4 x 9 = ____ | | 4 x 4 = ____ |
| 4 x 10 = ____ | | 4 x 3 = ____ |
| 4 x 11 = ____ | | 4 x 2 = ____ |
| 4 x 12 = ____ | | 4 x 1 = ____ |

# EXERCISE #8

### • 4 Times Table •

**Step 1:** Complete the exercise below in one session, <u>without stopping</u>
**Step 2:** Check answers using the original *Standard Order* table on page 124
**Step 3:** Once finished <u>say out loud</u> the times table, with eyes *closed*!

*Note: If you get stuck or get an incorrect answer, review times table on 'Standard Order' page.*

| | | |
|---|---|---|
| 4 x 12 = \_\_\_\_ | | 4 x 1 = \_\_\_\_ |
| 4 x 11 = \_\_\_\_ | | 4 x 2 = \_\_\_\_ |
| 4 x 10 = \_\_\_\_ | | 4 x 3 = \_\_\_\_ |
| 4 x 9 = \_\_\_\_ | | 4 x 4 = \_\_\_\_ |
| 4 x 8 = \_\_\_\_ | | 4 x 5 = \_\_\_\_ |
| 4 x 7 = \_\_\_\_ | | 4 x 6 = \_\_\_\_ |
| 4 x 6 = \_\_\_\_ | | 4 x 7 = \_\_\_\_ |
| 4 x 5 = \_\_\_\_ | | 4 x 8 = \_\_\_\_ |
| 4 x 4 = \_\_\_\_ | | 4 x 9 = \_\_\_\_ |
| 4 x 3 = \_\_\_\_ | | 4 x 10 = \_\_\_\_ |
| 4 x 2 = \_\_\_\_ | | 4 x 11 = \_\_\_\_ |
| 4 x 1 = \_\_\_\_ | | 4 x 12 = \_\_\_\_ |

Times Tables (Book 1): Comprehensive Memorisation Program with Exercises

# EXERCISE # 9

### • 4 Times Table •

**Step 1:** Complete the exercise below in one session, <u>without stopping</u>
**Step 2:** Check answers using the original *Standard Order* table on page 124
**Step 3:** Once finished <u>say out loud</u> the times table, with eyes *closed*!

*Note: If you get stuck or get an incorrect answer, review times table on 'Standard Order' page.*

| | | |
|---|---|---|
| 4 × 10 = ____ | | 4 × 2 = ____ |
| 4 × 2 = ____ | | 4 × 1 = ____ |
| 4 × 3 = ____ | | 4 × 7 = ____ |
| 4 × 5 = ____ | | 4 × 4 = ____ |
| 4 × 12 = ____ | | 4 × 6 = ____ |
| 4 × 11 = ____ | | 4 × 11 = ____ |
| 4 × 9 = ____ | | 4 × 8 = ____ |
| 4 × 1 = ____ | | 4 × 9 = ____ |
| 4 × 4 = ____ | | 4 × 5 = ____ |
| 4 × 7 = ____ | | 4 × 10 = ____ |
| 4 × 6 = ____ | | 4 × 12 = ____ |
| 4 × 8 = ____ | | 4 × 3 = ____ |

# EXERCISE #10

**4**

• *4 Times Table* •

**Step 1:** Complete the exercise below in one session, <u>without stopping</u>
**Step 2:** Check answers using the original *Standard Order* table on page 124
**Step 3:** Once finished <u>say out loud</u> the times table, with eyes *closed*!

*Note: If you get stuck or get an incorrect answer, review times table on 'Standard Order' page.*

| | |
|---|---|
| 4 x 1 = ____ | 4 x 8 = ____ |
| 4 x 8 = ____ | 4 x 6 = ____ |
| 4 x 5 = ____ | 4 x 3 = ____ |
| 4 x 3 = ____ | 4 x 4 = ____ |
| 4 x 9 = ____ | 4 x 9 = ____ |
| 4 x 4 = ____ | 4 x 7 = ____ |
| 4 x 11 = ____ | 4 x 2 = ____ |
| 4 x 7 = ____ | 4 x 10 = ____ |
| 4 x 10 = ____ | 4 x 1 = ____ |
| 4 x 2 = ____ | 4 x 11 = ____ |
| 4 x 12 = ____ | 4 x 5 = ____ |
| 4 x 6 = ____ | 4 x 12 = ____ |

Times Tables (Book 1): Comprehensive Memorisation Program with Exercises

# EXERCISE #11

## • 4 Times Table •

**Step 1:** Complete the exercise below in one session, <u>without stopping</u>
**Step 2:** Check answers using the original *Standard Order* table on page 124
**Step 3:** Once finished <u>say out loud</u> the times table, with eyes *closed*!

*Note: If you get stuck or get an incorrect answer, review times table on 'Standard Order' page.*

| | | |
|---|---|---|
| 4 x 7 = ____ | | 4 x 12 = ____ |
| 4 x 4 = ____ | | 4 x 8 = ____ |
| 4 x 11 = ____ | | 4 x 3 = ____ |
| 4 x 1 = ____ | | 4 x 9 = ____ |
| 4 x 10 = ____ | | 4 x 2 = ____ |
| 4 x 6 = ____ | | 4 x 4 = ____ |
| 4 x 9 = ____ | | 4 x 7 = ____ |
| 4 x 8 = ____ | | 4 x 5 = ____ |
| 4 x 5 = ____ | | 4 x 1 = ____ |
| 4 x 3 = ____ | | 4 x 11 = ____ |
| 4 x 2 = ____ | | 4 x 6 = ____ |
| 4 x 12 = ____ | | 4 x 10 = ____ |

# EXERCISE #12

### • 4 Times Table •

**Step 1:** Complete the exercise below in one session, <u>without stopping</u>
**Step 2:** Check answers using the original *Standard Order* table on page 124
**Step 3:** Once finished <u>say out loud</u> the times table, with eyes *closed*!

*Note: If you get stuck or get an incorrect answer, review times table on 'Standard Order' page.*

| | | |
|---|---|---|
| 4 x 5 = ____ | | 4 x 3 = ____ |
| 4 x 7 = ____ | | 4 x 1 = ____ |
| 4 x 12 = ____ | | 4 x 7 = ____ |
| 4 x 3 = ____ | | 4 x 8 = ____ |
| 4 x 10 = ____ | | 4 x 10 = ____ |
| 4 x 4 = ____ | | 4 x 9 = ____ |
| 4 x 9 = ____ | | 4 x 2 = ____ |
| 4 x 11 = ____ | | 4 x 5 = ____ |
| 4 x 1 = ____ | | 4 x 6 = ____ |
| 4 x 6 = ____ | | 4 x 4 = ____ |
| 4 x 2 = ____ | | 4 x 12 = ____ |
| 4 x 8 = ____ | | 4 x 11 = ____ |

Times Tables (Book 1): Comprehensive Memorisation Program with Exercises

# STANDARD ORDER

### • 4 Divisions Table •

**Step 1:** Look and read <u>out loud</u> the division table below – *Repeat* three times
**Step 2:** <u>Cover answers</u> and read out loud, along with your answers. *Repeat* three times
**Step 3:** <u>Write down</u> without looking the complete table on a separate piece of paper. Check answers!

*Note: If you get stuck or get an incorrect answer, start from Step 1 again.*

| | | | | |
|---|---|---|---|---|
| 4 | ÷ | 4 | = | 1 |
| 8 | ÷ | 4 | = | 2 |
| 12 | ÷ | 4 | = | 3 |
| 16 | ÷ | 4 | = | 4 |
| 20 | ÷ | 4 | = | 5 |
| 24 | ÷ | 4 | = | 6 |
| 28 | ÷ | 4 | = | 7 |
| 32 | ÷ | 4 | = | 8 |
| 36 | ÷ | 4 | = | 9 |
| 40 | ÷ | 4 | = | 10 |
| 44 | ÷ | 4 | = | 11 |
| 48 | ÷ | 4 | = | 12 |

# REVERSE ORDER

### • 4 Divisions Table •

**Step 1:** Look and read <u>out loud</u> the divisions below – <u>Repeat</u> *three times*

**Step 2:** <u>Cover answers</u> and read out loud, along with your answers. <u>Repeat</u> *three times*

**Step 3:** <u>Write down</u> without looking the complete table on a separate piece of paper. *Check answers!*

*Note: If you get stuck or get an incorrect answer, start from Step 1 again.*

$$48 \div 4 = 12$$
$$44 \div 4 = 11$$
$$40 \div 4 = 10$$
$$36 \div 4 = 9$$
$$32 \div 4 = 8$$
$$28 \div 4 = 7$$
$$24 \div 4 = 6$$
$$20 \div 4 = 5$$
$$16 \div 4 = 4$$
$$12 \div 4 = 3$$
$$8 \div 4 = 2$$
$$4 \div 4 = 1$$

# EXERCISE #13

### • 4 Divisions Table •

**Step 1:** Complete the exercise below in one session, <u>without stopping</u>
**Step 2:** Check answers using the original *Standard Order* table on page 140
**Step 3:** Once finished <u>say out loud</u> the divisions, with eyes *closed*!

*Note: If you get stuck or get an incorrect answer, review divisions on 'Standard Order' page.*

| | | |
|---|---|---|
| 4 ÷ 4 = \_\_\_\_ | 48 ÷ 4 = \_\_\_\_ |
| 8 ÷ 4 = \_\_\_\_ | 44 ÷ 4 = \_\_\_\_ |
| 12 ÷ 4 = \_\_\_\_ | 40 ÷ 4 = \_\_\_\_ |
| 16 ÷ 4 = \_\_\_\_ | 36 ÷ 4 = \_\_\_\_ |
| 20 ÷ 4 = \_\_\_\_ | 32 ÷ 4 = \_\_\_\_ |
| 24 ÷ 4 = \_\_\_\_ | 28 ÷ 4 = \_\_\_\_ |
| 28 ÷ 4 = \_\_\_\_ | 24 ÷ 4 = \_\_\_\_ |
| 32 ÷ 4 = \_\_\_\_ | 20 ÷ 4 = \_\_\_\_ |
| 36 ÷ 4 = \_\_\_\_ | 16 ÷ 4 = \_\_\_\_ |
| 40 ÷ 4 = \_\_\_\_ | 12 ÷ 4 = \_\_\_\_ |
| 44 ÷ 4 = \_\_\_\_ | 8 ÷ 4 = \_\_\_\_ |
| 48 ÷ 4 = \_\_\_\_ | 4 ÷ 4 = \_\_\_\_ |

# EXERCISE #14

### • 4 Divisions Table •

**Step 1:** Complete the exercise below in one session, without stopping
**Step 2:** Check answers using the original *Standard Order* table on page 140
**Step 3:** Once finished say out loud the divisions, with eyes *closed*!

*Note: If you get stuck or get an incorrect answer, review divisions on 'Standard Order' page.*

| | |
|---|---|
| 48 ÷ 4 = ____ | 4 ÷ 4 = ____ |
| 44 ÷ 4 = ____ | 8 ÷ 4 = ____ |
| 40 ÷ 4 = ____ | 12 ÷ 4 = ____ |
| 36 ÷ 4 = ____ | 16 ÷ 4 = ____ |
| 32 ÷ 4 = ____ | 20 ÷ 4 = ____ |
| 28 ÷ 4 = ____ | 24 ÷ 4 = ____ |
| 24 ÷ 4 = ____ | 28 ÷ 4 = ____ |
| 20 ÷ 4 = ____ | 32 ÷ 4 = ____ |
| 16 ÷ 4 = ____ | 36 ÷ 4 = ____ |
| 12 ÷ 4 = ____ | 40 ÷ 4 = ____ |
| 8 ÷ 4 = ____ | 44 ÷ 4 = ____ |
| 4 ÷ 4 = ____ | 48 ÷ 4 = ____ |

# EXERCISE #15

### • 4 Divisions Table •

**Step 1:** Complete the exercise below in one session, <u>without stopping</u>
**Step 2:** Check answers using the original *Standard Order* table on page 140
**Step 3:** Once finished <u>say out loud</u> the divisions, with eyes *closed*!

*Note: If you get stuck or get an incorrect answer, review divisions on 'Standard Order' page.*

| | | |
|---|---|---|
| 32 ÷ 4 = \_\_\_\_ | | 24 ÷ 4 = \_\_\_\_ |
| 16 ÷ 4 = \_\_\_\_ | | 4 ÷ 4 = \_\_\_\_ |
| 8 ÷ 4 = \_\_\_\_ | | 12 ÷ 4 = \_\_\_\_ |
| 24 ÷ 4 = \_\_\_\_ | | 20 ÷ 4 = \_\_\_\_ |
| 48 ÷ 4 = \_\_\_\_ | | 36 ÷ 4 = \_\_\_\_ |
| 20 ÷ 4 = \_\_\_\_ | | 28 ÷ 4 = \_\_\_\_ |
| 40 ÷ 4 = \_\_\_\_ | | 16 ÷ 4 = \_\_\_\_ |
| 36 ÷ 4 = \_\_\_\_ | | 48 ÷ 4 = \_\_\_\_ |
| 28 ÷ 4 = \_\_\_\_ | | 40 ÷ 4 = \_\_\_\_ |
| 4 ÷ 4 = \_\_\_\_ | | 8 ÷ 4 = \_\_\_\_ |
| 12 ÷ 4 = \_\_\_\_ | | 32 ÷ 4 = \_\_\_\_ |
| 44 ÷ 4 = \_\_\_\_ | | 44 ÷ 4 = \_\_\_\_ |

# EXERCISE #16

### • 4 Divisions Table •

**Step 1:** Complete the exercise below in one session, <u>without stopping</u>
**Step 2:** Check answers using the original *Standard Order* table on page 140
**Step 3:** Once finished <u>say out loud</u> the divisions, with eyes *closed*!

*Note: If you get stuck or get an incorrect answer, review divisions on 'Standard Order' page.*

| | | |
|---|---|---|
| 16 ÷ 4 = ____ | 40 ÷ 4 = ____ |
| 28 ÷ 4 = ____ | 44 ÷ 4 = ____ |
| 12 ÷ 4 = ____ | 8 ÷ 4 = ____ |
| 8 ÷ 4 = ____ | 16 ÷ 4 = ____ |
| 4 ÷ 4 = ____ | 12 ÷ 4 = ____ |
| 48 ÷ 4 = ____ | 48 ÷ 4 = ____ |
| 24 ÷ 4 = ____ | 32 ÷ 4 = ____ |
| 32 ÷ 4 = ____ | 28 ÷ 4 = ____ |
| 20 ÷ 4 = ____ | 4 ÷ 4 = ____ |
| 44 ÷ 4 = ____ | 20 ÷ 4 = ____ |
| 36 ÷ 4 = ____ | 36 ÷ 4 = ____ |
| 40 ÷ 4 = ____ | 24 ÷ 4 = ____ |

Times Tables (Book 1): Comprehensive Memorisation Program with Exercises

# EXERCISE #17

### • 4 Divisions Table •

**Step 1:** Complete the exercise below in one session, <u>without stopping</u>
**Step 2:** Check answers using the original *Standard Order* table on page 140
**Step 3:** Once finished <u>say out loud</u> the divisions, with eyes *closed*!

*Note: If you get stuck or get an incorrect answer, review divisions on 'Standard Order' page.*

| | | |
|---|---|---|
| 12 ÷ 4 = ____ | | 8 ÷ 4 = ____ |
| 16 ÷ 4 = ____ | | 48 ÷ 4 = ____ |
| 44 ÷ 4 = ____ | | 36 ÷ 4 = ____ |
| 8 ÷ 4 = ____ | | 24 ÷ 4 = ____ |
| 24 ÷ 4 = ____ | | 20 ÷ 4 = ____ |
| 4 ÷ 4 = ____ | | 12 ÷ 4 = ____ |
| 40 ÷ 4 = ____ | | 40 ÷ 4 = ____ |
| 36 ÷ 4 = ____ | | 32 ÷ 4 = ____ |
| 48 ÷ 4 = ____ | | 44 ÷ 4 = ____ |
| 20 ÷ 4 = ____ | | 16 ÷ 4 = ____ |
| 28 ÷ 4 = ____ | | 4 ÷ 4 = ____ |
| 32 ÷ 4 = ____ | | 28 ÷ 4 = ____ |

# EXERCISE #18

### • 4 Divisions Table •

**Step 1:** Complete the exercise below in one session, without stopping
**Step 2:** Check answers using the original *Standard Order* table on page 140
**Step 3:** Once finished say out loud the divisions, with eyes *closed*!

*Note: If you get stuck or get an incorrect answer, review divisions on 'Standard Order' page.*

| | | |
|---|---|---|
| 20 ÷ 4 = ____ | 36 ÷ 4 = ____ |
| 4 ÷ 4 = ____ | 40 ÷ 4 = ____ |
| 40 ÷ 4 = ____ | 12 ÷ 4 = ____ |
| 24 ÷ 4 = ____ | 32 ÷ 4 = ____ |
| 12 ÷ 4 = ____ | 8 ÷ 4 = ____ |
| 16 ÷ 4 = ____ | 48 ÷ 4 = ____ |
| 32 ÷ 4 = ____ | 24 ÷ 4 = ____ |
| 48 ÷ 4 = ____ | 20 ÷ 4 = ____ |
| 28 ÷ 4 = ____ | 16 ÷ 4 = ____ |
| 44 ÷ 4 = ____ | 44 ÷ 4 = ____ |
| 36 ÷ 4 = ____ | 4 ÷ 4 = ____ |
| 8 ÷ 4 = ____ | 28 ÷ 4 = ____ |

# STOP!

Now, <u>read out loud</u> the divisions below – *Repeat* three times

| | | | | |
|---|---|---|---|---|
| **4** | ÷ | 4 | = | 1 |
| **8** | ÷ | 4 | = | 2 |
| **12** | ÷ | 4 | = | 3 |
| **16** | ÷ | 4 | = | 4 |
| **20** | ÷ | 4 | = | 5 |
| **24** | ÷ | 4 | = | 6 |
| **28** | ÷ | 4 | = | 7 |
| **32** | ÷ | 4 | = | 8 |
| **36** | ÷ | 4 | = | 9 |
| **40** | ÷ | 4 | = | 10 |
| **44** | ÷ | 4 | = | 11 |
| **48** | ÷ | 4 | = | 12 |

# 4

Now, <u>read out loud</u> the **reverse** divisions below – *Repeat three times*

| | | | | |
|---|---|---|---|---|
| **48** | ÷ | 4 | = | 12 |
| **44** | ÷ | 4 | = | 11 |
| **40** | ÷ | 4 | = | 10 |
| **36** | ÷ | 4 | = | 9 |
| **32** | ÷ | 4 | = | 8 |
| **28** | ÷ | 4 | = | 7 |
| **24** | ÷ | 4 | = | 6 |
| **20** | ÷ | 4 | = | 5 |
| **16** | ÷ | 4 | = | 4 |
| **12** | ÷ | 4 | = | 3 |
| **8** | ÷ | 4 | = | 2 |
| **4** | ÷ | 4 | = | 1 |

# EXERCISE #19

### • 4 Divisions Table •

**Step 1:** Complete the exercise below in one session, <u>without stopping</u>
**Step 2:** Check answers using the original *Standard Order* table on page 140
**Step 3:** Once finished <u>say out loud</u> the divisions, with eyes *closed*!

*Note: If you get stuck or get an incorrect answer, review divisions on 'Standard Order' page.*

| | | |
|---|---|---|
| 4 ÷ 4 = \_\_\_\_ | | 48 ÷ 4 = \_\_\_\_ |
| 8 ÷ 4 = \_\_\_\_ | | 44 ÷ 4 = \_\_\_\_ |
| 12 ÷ 4 = \_\_\_\_ | | 40 ÷ 4 = \_\_\_\_ |
| 16 ÷ 4 = \_\_\_\_ | | 36 ÷ 4 = \_\_\_\_ |
| 20 ÷ 4 = \_\_\_\_ | | 32 ÷ 4 = \_\_\_\_ |
| 24 ÷ 4 = \_\_\_\_ | | 28 ÷ 4 = \_\_\_\_ |
| 28 ÷ 4 = \_\_\_\_ | | 24 ÷ 4 = \_\_\_\_ |
| 32 ÷ 4 = \_\_\_\_ | | 20 ÷ 4 = \_\_\_\_ |
| 36 ÷ 4 = \_\_\_\_ | | 16 ÷ 4 = \_\_\_\_ |
| 40 ÷ 4 = \_\_\_\_ | | 12 ÷ 4 = \_\_\_\_ |
| 44 ÷ 4 = \_\_\_\_ | | 8 ÷ 4 = \_\_\_\_ |
| 48 ÷ 4 = \_\_\_\_ | | 4 ÷ 4 = \_\_\_\_ |

# EXERCISE #20

### • 4 Divisions Table •

**Step 1:** Complete the exercise below in one session, <u>without stopping</u>
**Step 2:** Check answers using the original *Standard Order* table on page 140
**Step 3:** Once finished <u>say out loud</u> the divisions, with eyes *closed*!

*Note: If you get stuck or get an incorrect answer, review divisions on 'Standard Order' page.*

| | |
|---|---|
| 48 ÷ 4 = ____ | 4 ÷ 4 = ____ |
| 44 ÷ 4 = ____ | 8 ÷ 4 = ____ |
| 40 ÷ 4 = ____ | 12 ÷ 4 = ____ |
| 36 ÷ 4 = ____ | 16 ÷ 4 = ____ |
| 32 ÷ 4 = ____ | 20 ÷ 4 = ____ |
| 28 ÷ 4 = ____ | 24 ÷ 4 = ____ |
| 24 ÷ 4 = ____ | 28 ÷ 4 = ____ |
| 20 ÷ 4 = ____ | 32 ÷ 4 = ____ |
| 16 ÷ 4 = ____ | 36 ÷ 4 = ____ |
| 12 ÷ 4 = ____ | 40 ÷ 4 = ____ |
| 8 ÷ 4 = ____ | 44 ÷ 4 = ____ |
| 4 ÷ 4 = ____ | 48 ÷ 4 = ____ |

# EXERCISE #21

## • 4 Divisions Table •

**Step 1:** Complete the exercise below in one session, <u>without stopping</u>
**Step 2:** Check answers using the original *Standard Order* table on page 140
**Step 3:** Once finished <u>say out loud</u> the divisions, with eyes *closed*!

*Note: If you get stuck or get an incorrect answer, review divisions on 'Standard Order' page.*

| | |
|---|---|
| 8 ÷ 4 = ____ | 20 ÷ 4 = ____ |
| 16 ÷ 4 = ____ | 48 ÷ 4 = ____ |
| 24 ÷ 4 = ____ | 36 ÷ 4 = ____ |
| 48 ÷ 4 = ____ | 44 ÷ 4 = ____ |
| 40 ÷ 4 = ____ | 24 ÷ 4 = ____ |
| 12 ÷ 4 = ____ | 4 ÷ 4 = ____ |
| 4 ÷ 4 = ____ | 16 ÷ 4 = ____ |
| 44 ÷ 4 = ____ | 32 ÷ 4 = ____ |
| 28 ÷ 4 = ____ | 8 ÷ 4 = ____ |
| 36 ÷ 4 = ____ | 12 ÷ 4 = ____ |
| 20 ÷ 4 = ____ | 28 ÷ 4 = ____ |
| 32 ÷ 4 = ____ | 40 ÷ 4 = ____ |

# EXERCISE #22

### • 4 Divisions Table •

**Step 1:** Complete the exercise below in one session, <u>without stopping</u>
**Step 2:** Check answers using the original *Standard Order* table on page 140
**Step 3:** Once finished <u>say out loud</u> the divisions, with eyes *closed*!

*Note: If you get stuck or get an incorrect answer, review divisions on 'Standard Order' page.*

| | |
|---|---|
| 4 ÷ 4 = ____ | 28 ÷ 4 = ____ |
| 40 ÷ 4 = ____ | 12 ÷ 4 = ____ |
| 20 ÷ 4 = ____ | 44 ÷ 4 = ____ |
| 24 ÷ 4 = ____ | 24 ÷ 4 = ____ |
| 36 ÷ 4 = ____ | 32 ÷ 4 = ____ |
| 48 ÷ 4 = ____ | 4 ÷ 4 = ____ |
| 16 ÷ 4 = ____ | 40 ÷ 4 = ____ |
| 28 ÷ 4 = ____ | 48 ÷ 4 = ____ |
| 12 ÷ 4 = ____ | 16 ÷ 4 = ____ |
| 44 ÷ 4 = ____ | 36 ÷ 4 = ____ |
| 32 ÷ 4 = ____ | 20 ÷ 4 = ____ |
| 8 ÷ 4 = ____ | 8 ÷ 4 = ____ |

Times Tables (Book 1): Comprehensive Memorisation Program with Exercises

# EXERCISE # 23

### • 4 Divisions Table •

**Step 1:** Complete the exercise below in one session, <u>without stopping</u>
**Step 2:** Check answers using the original *Standard Order* table on page 140
**Step 3:** Once finished <u>say out loud</u> the divisions, with eyes *closed*!

*Note: If you get stuck or get an incorrect answer, review divisions on 'Standard Order' page.*

| | | |
|---|---|---|
| 36 ÷ 4 = \_\_\_\_ | | 44 ÷ 4 = \_\_\_\_ |
| 12 ÷ 4 = \_\_\_\_ | | 8 ÷ 4 = \_\_\_\_ |
| 24 ÷ 4 = \_\_\_\_ | | 20 ÷ 4 = \_\_\_\_ |
| 4 ÷ 4 = \_\_\_\_ | | 4 ÷ 4 = \_\_\_\_ |
| 40 ÷ 4 = \_\_\_\_ | | 40 ÷ 4 = \_\_\_\_ |
| 44 ÷ 4 = \_\_\_\_ | | 36 ÷ 4 = \_\_\_\_ |
| 8 ÷ 4 = \_\_\_\_ | | 24 ÷ 4 = \_\_\_\_ |
| 48 ÷ 4 = \_\_\_\_ | | 28 ÷ 4 = \_\_\_\_ |
| 20 ÷ 4 = \_\_\_\_ | | 12 ÷ 4 = \_\_\_\_ |
| 32 ÷ 4 = \_\_\_\_ | | 32 ÷ 4 = \_\_\_\_ |
| 28 ÷ 4 = \_\_\_\_ | | 16 ÷ 4 = \_\_\_\_ |
| 16 ÷ 4 = \_\_\_\_ | | 48 ÷ 4 = \_\_\_\_ |

# EXERCISE #24

### • 4 Divisions Table •

**Step 1:** Complete the exercise below in one session, <u>without stopping</u>
**Step 2:** Check answers using the original *Standard Order* table on page 140
**Step 3:** Once finished <u>say out loud</u> the divisions, with eyes *closed*!

*Note: If you get stuck or get an incorrect answer, review divisions on 'Standard Order' page.*

| | | |
|---|---|---|
| 12 ÷ 4 = ____ | | 24 ÷ 4 = ____ |
| 24 ÷ 4 = ____ | | 28 ÷ 4 = ____ |
| 28 ÷ 4 = ____ | | 16 ÷ 4 = ____ |
| 16 ÷ 4 = ____ | | 36 ÷ 4 = ____ |
| 40 ÷ 4 = ____ | | 40 ÷ 4 = ____ |
| 20 ÷ 4 = ____ | | 20 ÷ 4 = ____ |
| 44 ÷ 4 = ____ | | 32 ÷ 4 = ____ |
| 36 ÷ 4 = ____ | | 44 ÷ 4 = ____ |
| 4 ÷ 4 = ____ | | 4 ÷ 4 = ____ |
| 8 ÷ 4 = ____ | | 48 ÷ 4 = ____ |
| 48 ÷ 4 = ____ | | 12 ÷ 4 = ____ |
| 32 ÷ 4 = ____ | | 8 ÷ 4 = ____ |

# EXERCISE #25

### • 4 Multiplications & Divisions •

**Step 1:** Complete the exercise below in one session, <u>without stopping</u>
**Step 2:** Check answers using the original *Standard Order* table on pages 124 & 140

*Note: If you get stuck or get an incorrect answer, review table on 'Standard Order' pages.*

| | | |
|---|---|---|
| 28 ÷ 4 = \_\_\_\_ | | 36 ÷ 4 = \_\_\_\_ |
| 48 ÷ 4 = \_\_\_\_ | | 4 x 2 = \_\_\_\_ |
| 4 x 7 = \_\_\_\_ | | 4 x 5 = \_\_\_\_ |
| 44 ÷ 4 = \_\_\_\_ | | 4 x 8 = \_\_\_\_ |
| 4 x 12 = \_\_\_\_ | | 4 x 3 = \_\_\_\_ |
| 12 ÷ 4 = \_\_\_\_ | | 16 ÷ 4 = \_\_\_\_ |
| 4 x 9 = \_\_\_\_ | | 32 ÷ 4 = \_\_\_\_ |
| 4 x 4 = \_\_\_\_ | | 4 x 1 = \_\_\_\_ |
| 4 x 10 = \_\_\_\_ | | 8 ÷ 4 = \_\_\_\_ |
| 4 ÷ 4 = \_\_\_\_ | | 24 ÷ 4 = \_\_\_\_ |
| 40 ÷ 4 = \_\_\_\_ | | 4 x 11 = \_\_\_\_ |
| 4 x 6 = \_\_\_\_ | | 20 ÷ 4 = \_\_\_\_ |

# EXERCISE #26

### • 4 Multiplications & Divisions •

**Step 1:** Complete the exercise below in one session, <u>without stopping</u>
**Step 2:** Check answers using the original *Standard Order* table on pages 124 & 140

*Note: If you get stuck or get an incorrect answer, review table on 'Standard Order' pages.*

| | | |
|---|---|---|
| 44 ÷ 4 = \_\_\_\_ | 4 x 6 = \_\_\_\_ |
| 4 x 4 = \_\_\_\_ | 40 ÷ 4 = \_\_\_\_ |
| 4 x 9 = \_\_\_\_ | 28 ÷ 4 = \_\_\_\_ |
| 20 ÷ 4 = \_\_\_\_ | 48 ÷ 4 = \_\_\_\_ |
| 4 x 5 = \_\_\_\_ | 4 x 12 = \_\_\_\_ |
| 36 ÷ 4 = \_\_\_\_ | 16 ÷ 4 = \_\_\_\_ |
| 4 x 11 = \_\_\_\_ | 4 x 1 = \_\_\_\_ |
| 24 ÷ 4 = \_\_\_\_ | 32 ÷ 4 = \_\_\_\_ |
| 4 x 7 = \_\_\_\_ | 8 ÷ 4 = \_\_\_\_ |
| 12 ÷ 4 = \_\_\_\_ | 4 x 3 = \_\_\_\_ |
| 4 x 8 = \_\_\_\_ | 4 x 2 = \_\_\_\_ |
| 4 ÷ 4 = \_\_\_\_ | 4 x 10 = \_\_\_\_ |

# EXERCISE # 27

### • 4 Multiplications & Divisions •

**Step 1:** Complete the exercise below in one session, <u>without stopping</u>
**Step 2:** Check answers using the original *Standard Order* table on pages 124 & 140

*Note: If you get stuck or get an incorrect answer, review table on 'Standard Order' pages.*

| | | | | | | | | |
|---|---|---|---|---|---|---|---|---|
| 24 | ÷ | 4 | = | ____ | 4 | x | 4 | = | ____ |
| 4 | x | 11 | = | ____ | 28 | ÷ | 4 | = | ____ |
| 4 | x | 8 | = | ____ | 8 | ÷ | 4 | = | ____ |
| 4 | x | 10 | = | ____ | 4 | x | 2 | = | ____ |
| 44 | ÷ | 4 | = | ____ | 4 | x | 1 | = | ____ |
| 48 | ÷ | 4 | = | ____ | 4 | ÷ | 4 | = | ____ |
| 4 | x | 3 | = | ____ | 4 | x | 7 | = | ____ |
| 4 | x | 5 | = | ____ | 40 | ÷ | 4 | = | ____ |
| 4 | x | 9 | = | ____ | 16 | ÷ | 4 | = | ____ |
| 32 | ÷ | 4 | = | ____ | 36 | ÷ | 4 | = | ____ |
| 20 | ÷ | 4 | = | ____ | 4 | x | 6 | = | ____ |
| 12 | ÷ | 4 | = | ____ | 4 | x | 12 | = | ____ |

# EXERCISE #28

### • 4 Multiplications & Divisions •

**Step 1:** Complete the exercise below in one session, <u>without stopping</u>
**Step 2:** Check answers using the original *Standard Order* table on pages 124 & 140

*Note: If you get stuck or get an incorrect answer, review table on 'Standard Order' pages.*

| | | |
|---|---|---|
| 40 ÷ 4 = \_\_\_\_ | 4 x 2 = \_\_\_\_ |
| 4 x 11 = \_\_\_\_ | 4 x 5 = \_\_\_\_ |
| 44 ÷ 4 = \_\_\_\_ | 4 x 8 = \_\_\_\_ |
| 4 x 10 = \_\_\_\_ | 24 ÷ 4 = \_\_\_\_ |
| 16 ÷ 4 = \_\_\_\_ | 4 x 12 = \_\_\_\_ |
| 4 x 9 = \_\_\_\_ | 32 ÷ 4 = \_\_\_\_ |
| 4 x 3 = \_\_\_\_ | 20 ÷ 4 = \_\_\_\_ |
| 4 x 6 = \_\_\_\_ | 28 ÷ 4 = \_\_\_\_ |
| 8 ÷ 4 = \_\_\_\_ | 36 ÷ 4 = \_\_\_\_ |
| 48 ÷ 4 = \_\_\_\_ | 4 x 4 = \_\_\_\_ |
| 12 ÷ 4 = \_\_\_\_ | 4 ÷ 4 = \_\_\_\_ |
| 4 x 1 = \_\_\_\_ | 4 x 7 = \_\_\_\_ |

# CONGRATULATIONS!

You have learnt your
**4** multiplications and divisions!

_____

Date

*Now you are ready to learn your*

# 5

# times table.

# STANDARD ORDER

### • 5 Times Table •

**Step 1:** Look and read <u>out loud</u> the times table below – *Repeat* three times

**Step 2:** <u>Cover answers</u> and read out loud, along with your answers. *Repeat* three times

**Step 3:** <u>Write down</u> without looking the complete table on a separate piece of paper. Check answers!

*Note: If you get stuck or get an incorrect answer, start from Step 1 again.*

| | | | | |
|---|---|---|---|---|
| 5 | x | 1 | = | **5** |
| 5 | x | 2 | = | **10** |
| 5 | x | 3 | = | **15** |
| 5 | x | 4 | = | **20** |
| 5 | x | 5 | = | **25** |
| 5 | x | 6 | = | **30** |
| 5 | x | 7 | = | **35** |
| 5 | x | 8 | = | **40** |
| 5 | x | 9 | = | **45** |
| 5 | x | 10 | = | **50** |
| 5 | x | 11 | = | **55** |
| 5 | x | 12 | = | **60** |

# REVERSE ORDER
### • 5 Times Table •

**Step 1:** Look and read <u>out loud</u> the times table below – *Repeat* three times
**Step 2:** <u>Cover answers</u> and read out loud, along with your answers. *Repeat* three times
**Step 3:** <u>Write down</u> without looking the complete table on a separate piece of paper. Check answers!

*Note: If you get stuck or get an incorrect answer, start from Step 1 again.*

| | | | | |
|---|---|---|---|---|
| 5 | x | 12 | = | **60** |
| 5 | x | 11 | = | **55** |
| 5 | x | 10 | = | **50** |
| 5 | x | 9 | = | **45** |
| 5 | x | 8 | = | **40** |
| 5 | x | 7 | = | **35** |
| 5 | x | 6 | = | **30** |
| 5 | x | 5 | = | **25** |
| 5 | x | 4 | = | **20** |
| 5 | x | 3 | = | **15** |
| 5 | x | 2 | = | **10** |
| 5 | x | 1 | = | **5** |

Times Tables (Book 1): Comprehensive Memorisation Program with Exercises

# EXERCISE #1

### • 5 Times Table •

**Step 1:** Complete the exercise below in one session, <u>without stopping</u>
**Step 2:** Check answers using the original *Standard Order* table on page 162
**Step 3:** Once finished <u>say out loud</u> the times table, with eyes *closed*!

*Note: If you get stuck or get an incorrect answer, review times table on 'Standard Order' page.*

| | | |
|---|---|---|
| 5 x 1 = ____ | | 5 x 12 = ____ |
| 5 x 2 = ____ | | 5 x 11 = ____ |
| 5 x 3 = ____ | | 5 x 10 = ____ |
| 5 x 4 = ____ | | 5 x 9 = ____ |
| 5 x 5 = ____ | | 5 x 8 = ____ |
| 5 x 6 = ____ | | 5 x 7 = ____ |
| 5 x 7 = ____ | | 5 x 6 = ____ |
| 5 x 8 = ____ | | 5 x 5 = ____ |
| 5 x 9 = ____ | | 5 x 4 = ____ |
| 5 x 10 = ____ | | 5 x 3 = ____ |
| 5 x 11 = ____ | | 5 x 2 = ____ |
| 5 x 12 = ____ | | 5 x 1 = ____ |

# EXERCISE #2

### • 5 Times Table •

**Step 1:** Complete the exercise below in one session, <u>without stopping</u>
**Step 2:** Check answers using the original *Standard Order* table on page 162
**Step 3:** Once finished <u>say out loud</u> the times table, with eyes *closed*!

*Note: If you get stuck or get an incorrect answer, review times table on 'Standard Order' page.*

| | | | | | | | |
|---|---|---|---|---|---|---|---|
| 5 | x | 12 | = | ___ | 5 | x | 1 | = | ___ |
| 5 | x | 11 | = | ___ | 5 | x | 2 | = | ___ |
| 5 | x | 10 | = | ___ | 5 | x | 3 | = | ___ |
| 5 | x | 9 | = | ___ | 5 | x | 4 | = | ___ |
| 5 | x | 8 | = | ___ | 5 | x | 5 | = | ___ |
| 5 | x | 7 | = | ___ | 5 | x | 6 | = | ___ |
| 5 | x | 6 | = | ___ | 5 | x | 7 | = | ___ |
| 5 | x | 5 | = | ___ | 5 | x | 8 | = | ___ |
| 5 | x | 4 | = | ___ | 5 | x | 9 | = | ___ |
| 5 | x | 3 | = | ___ | 5 | x | 10 | = | ___ |
| 5 | x | 2 | = | ___ | 5 | x | 11 | = | ___ |
| 5 | x | 1 | = | ___ | 5 | x | 12 | = | ___ |

Times Tables (Book 1): Comprehensive Memorisation Program with Exercises

# EXERCISE #3

### • 5 Times Table •

**Step 1:** Complete the exercise below in one session, <u>without stopping</u>
**Step 2:** Check answers using the original *Standard Order* table on page 162
**Step 3:** Once finished <u>say out loud</u> the times table, with eyes *closed*!

*Note: If you get stuck or get an incorrect answer, review times table on 'Standard Order' page.*

| | | | | | | | |
|---|---|---|---|---|---|---|---|
| 5 | x | 5  | = | ___ | 5 | x | 9  | = | ___ |
| 5 | x | 10 | = | ___ | 5 | x | 3  | = | ___ |
| 5 | x | 4  | = | ___ | 5 | x | 4  | = | ___ |
| 5 | x | 1  | = | ___ | 5 | x | 10 | = | ___ |
| 5 | x | 7  | = | ___ | 5 | x | 2  | = | ___ |
| 5 | x | 12 | = | ___ | 5 | x | 11 | = | ___ |
| 5 | x | 6  | = | ___ | 5 | x | 5  | = | ___ |
| 5 | x | 2  | = | ___ | 5 | x | 6  | = | ___ |
| 5 | x | 9  | = | ___ | 5 | x | 8  | = | ___ |
| 5 | x | 8  | = | ___ | 5 | x | 1  | = | ___ |
| 5 | x | 11 | = | ___ | 5 | x | 12 | = | ___ |
| 5 | x | 3  | = | ___ | 5 | x | 7  | = | ___ |

# EXERCISE #4

### • 5 Times Table •

**Step 1:** Complete the exercise below in one session, <u>without stopping</u>
**Step 2:** Check answers using the original *Standard Order* table on page 162
**Step 3:** Once finished <u>say out loud</u> the times table, with eyes *closed*!

*Note: If you get stuck or get an incorrect answer, review times table on 'Standard Order' page.*

| | | | | | | | |
|---|---|---|---|---|---|---|---|
| 5 | x | 12 | = | ___ | 5 | x | 1 | = | ___ |
| 5 | x | 8 | = | ___ | 5 | x | 3 | = | ___ |
| 5 | x | 7 | = | ___ | 5 | x | 5 | = | ___ |
| 5 | x | 1 | = | ___ | 5 | x | 2 | = | ___ |
| 5 | x | 6 | = | ___ | 5 | x | 8 | = | ___ |
| 5 | x | 9 | = | ___ | 5 | x | 7 | = | ___ |
| 5 | x | 4 | = | ___ | 5 | x | 10 | = | ___ |
| 5 | x | 3 | = | ___ | 5 | x | 6 | = | ___ |
| 5 | x | 2 | = | ___ | 5 | x | 11 | = | ___ |
| 5 | x | 11 | = | ___ | 5 | x | 9 | = | ___ |
| 5 | x | 5 | = | ___ | 5 | x | 4 | = | ___ |
| 5 | x | 10 | = | ___ | 5 | x | 12 | = | ___ |

Times Tables (Book 1): Comprehensive Memorisation Program with Exercises

# EXERCISE #5

### • 5 Times Table •

**Step 1:** Complete the exercise below in one session, <u>without stopping</u>
**Step 2:** Check answers using the original *Standard Order* table on page 162
**Step 3:** Once finished <u>say out loud</u> the times table, with eyes *closed*!

*Note: If you get stuck or get an incorrect answer, review times table on 'Standard Order' page.*

| | |
|---|---|
| 5 x 4 = ____ | 5 x 8 = ____ |
| 5 x 12 = ____ | 5 x 11 = ____ |
| 5 x 10 = ____ | 5 x 3 = ____ |
| 5 x 6 = ____ | 5 x 9 = ____ |
| 5 x 11 = ____ | 5 x 2 = ____ |
| 5 x 7 = ____ | 5 x 6 = ____ |
| 5 x 2 = ____ | 5 x 10 = ____ |
| 5 x 9 = ____ | 5 x 5 = ____ |
| 5 x 5 = ____ | 5 x 7 = ____ |
| 5 x 1 = ____ | 5 x 1 = ____ |
| 5 x 8 = ____ | 5 x 12 = ____ |
| 5 x 3 = ____ | 5 x 4 = ____ |

# EXERCISE #6

### • 5 Times Table •

**Step 1:** Complete the exercise below in one session, <u>without stopping</u>
**Step 2:** Check answers using the original *Standard Order* table on page 162
**Step 3:** Once finished <u>say out loud</u> the times table, with eyes *closed*!

*Note: If you get stuck or get an incorrect answer, review times table on 'Standard Order' page.*

| | | |
|---|---|---|
| 5 x 9 = ___ | | 5 x 7 = ___ |
| 5 x 8 = ___ | | 5 x 3 = ___ |
| 5 x 1 = ___ | | 5 x 9 = ___ |
| 5 x 4 = ___ | | 5 x 1 = ___ |
| 5 x 12 = ___ | | 5 x 10 = ___ |
| 5 x 11 = ___ | | 5 x 11 = ___ |
| 5 x 5 = ___ | | 5 x 12 = ___ |
| 5 x 10 = ___ | | 5 x 8 = ___ |
| 5 x 3 = ___ | | 5 x 2 = ___ |
| 5 x 2 = ___ | | 5 x 5 = ___ |
| 5 x 7 = ___ | | 5 x 4 = ___ |
| 5 x 6 = ___ | | 5 x 6 = ___ |

# STOP!

Now, <u>read out loud</u> the **standard** times table below – *Repeat* three times

| | | | | |
|---|---|---|---|---|
| 5 | x | 1 | = | **5** |
| 5 | x | 2 | = | **10** |
| 5 | x | 3 | = | **15** |
| 5 | x | 4 | = | **20** |
| 5 | x | 5 | = | **25** |
| 5 | x | 6 | = | **30** |
| 5 | x | 7 | = | **35** |
| 5 | x | 8 | = | **40** |
| 5 | x | 9 | = | **45** |
| 5 | x | 10 | = | **50** |
| 5 | x | 11 | = | **55** |
| 5 | x | 12 | = | **60** |

# 5

Now, read out loud the **reverse** times table below – *Repeat three times*

| | | | | |
|---|---|---|---|---|
| 5 | x | 12 | = | **60** |
| 5 | x | 11 | = | **55** |
| 5 | x | 10 | = | **50** |
| 5 | x | 9 | = | **45** |
| 5 | x | 8 | = | **40** |
| 5 | x | 7 | = | **35** |
| 5 | x | 6 | = | **30** |
| 5 | x | 5 | = | **25** |
| 5 | x | 4 | = | **20** |
| 5 | x | 3 | = | **15** |
| 5 | x | 2 | = | **10** |
| 5 | x | 1 | = | **5** |

# EXERCISE #7

### • 5 Times Table •

**Step 1:** Complete the exercise below in one session, <u>without stopping</u>
**Step 2:** Check answers using the original *Standard Order* table on page 162
**Step 3:** Once finished <u>say out loud</u> the times table, with eyes *closed*!

*Note: If you get stuck or get an incorrect answer, review times table on 'Standard Order' page.*

| | | | | | | | |
|---|---|---|---|---|---|---|---|
| 5 | x | 1 | = \_\_\_\_ | 5 | x | 12 | = \_\_\_\_ |
| 5 | x | 2 | = \_\_\_\_ | 5 | x | 11 | = \_\_\_\_ |
| 5 | x | 3 | = \_\_\_\_ | 5 | x | 10 | = \_\_\_\_ |
| 5 | x | 4 | = \_\_\_\_ | 5 | x | 9 | = \_\_\_\_ |
| 5 | x | 5 | = \_\_\_\_ | 5 | x | 8 | = \_\_\_\_ |
| 5 | x | 6 | = \_\_\_\_ | 5 | x | 7 | = \_\_\_\_ |
| 5 | x | 7 | = \_\_\_\_ | 5 | x | 6 | = \_\_\_\_ |
| 5 | x | 8 | = \_\_\_\_ | 5 | x | 5 | = \_\_\_\_ |
| 5 | x | 9 | = \_\_\_\_ | 5 | x | 4 | = \_\_\_\_ |
| 5 | x | 10 | = \_\_\_\_ | 5 | x | 3 | = \_\_\_\_ |
| 5 | x | 11 | = \_\_\_\_ | 5 | x | 2 | = \_\_\_\_ |
| 5 | x | 12 | = \_\_\_\_ | 5 | x | 1 | = \_\_\_\_ |

# EXERCISE #8

### • 5 Times Table •

**Step 1:** Complete the exercise below in one session, <u>without stopping</u>
**Step 2:** Check answers using the original *Standard Order* table on page 162
**Step 3:** Once finished <u>say out loud</u> the times table, with eyes *closed*!

*Note: If you get stuck or get an incorrect answer, review times table on 'Standard Order' page.*

| | | | | | | | |
|---|---|---|---|---|---|---|---|
| 5 | x | 12 | = | ___ | 5 | x | 1 | = | ___ |
| 5 | x | 11 | = | ___ | 5 | x | 2 | = | ___ |
| 5 | x | 10 | = | ___ | 5 | x | 3 | = | ___ |
| 5 | x | 9 | = | ___ | 5 | x | 4 | = | ___ |
| 5 | x | 8 | = | ___ | 5 | x | 5 | = | ___ |
| 5 | x | 7 | = | ___ | 5 | x | 6 | = | ___ |
| 5 | x | 6 | = | ___ | 5 | x | 7 | = | ___ |
| 5 | x | 5 | = | ___ | 5 | x | 8 | = | ___ |
| 5 | x | 4 | = | ___ | 5 | x | 9 | = | ___ |
| 5 | x | 3 | = | ___ | 5 | x | 10 | = | ___ |
| 5 | x | 2 | = | ___ | 5 | x | 11 | = | ___ |
| 5 | x | 1 | = | ___ | 5 | x | 12 | = | ___ |

Times Tables (Book 1): Comprehensive Memorisation Program with Exercises

# EXERCISE #9

### • 5 Times Table •

**Step 1:** Complete the exercise below in one session, <u>without stopping</u>
**Step 2:** Check answers using the original *Standard Order* table on page 162
**Step 3:** Once finished <u>say out loud</u> the times table, with eyes *closed*!

*Note: If you get stuck or get an incorrect answer, review times table on 'Standard Order' page.*

| | | |
|---|---|---|
| 5 x 10 = \_\_\_\_ | 5 x 5 = \_\_\_\_ |
| 5 x 12 = \_\_\_\_ | 5 x 10 = \_\_\_\_ |
| 5 x 3 = \_\_\_\_ | 5 x 9 = \_\_\_\_ |
| 5 x 6 = \_\_\_\_ | 5 x 8 = \_\_\_\_ |
| 5 x 11 = \_\_\_\_ | 5 x 2 = \_\_\_\_ |
| 5 x 4 = \_\_\_\_ | 5 x 4 = \_\_\_\_ |
| 5 x 8 = \_\_\_\_ | 5 x 3 = \_\_\_\_ |
| 5 x 5 = \_\_\_\_ | 5 x 7 = \_\_\_\_ |
| 5 x 1 = \_\_\_\_ | 5 x 11 = \_\_\_\_ |
| 5 x 7 = \_\_\_\_ | 5 x 6 = \_\_\_\_ |
| 5 x 2 = \_\_\_\_ | 5 x 1 = \_\_\_\_ |
| 5 x 9 = \_\_\_\_ | 5 x 12 = \_\_\_\_ |

# EXERCISE #10

### • 5 Times Table •

**Step 1:** Complete the exercise below in one session, without stopping
**Step 2:** Check answers using the original *Standard Order* table on page 162
**Step 3:** Once finished say out loud the times table, with eyes *closed*!

*Note: If you get stuck or get an incorrect answer, review times table on 'Standard Order' page.*

| | |
|---|---|
| 5 x 6 = ___ | 5 x 3 = ___ |
| 5 x 2 = ___ | 5 x 9 = ___ |
| 5 x 3 = ___ | 5 x 2 = ___ |
| 5 x 4 = ___ | 5 x 4 = ___ |
| 5 x 7 = ___ | 5 x 11 = ___ |
| 5 x 12 = ___ | 5 x 10 = ___ |
| 5 x 9 = ___ | 5 x 7 = ___ |
| 5 x 10 = ___ | 5 x 12 = ___ |
| 5 x 8 = ___ | 5 x 1 = ___ |
| 5 x 1 = ___ | 5 x 6 = ___ |
| 5 x 5 = ___ | 5 x 8 = ___ |
| 5 x 11 = ___ | 5 x 5 = ___ |

# EXERCISE #11

### • 5 Times Table •

**Step 1:** Complete the exercise below in one session, <u>without stopping</u>
**Step 2:** Check answers using the original *Standard Order* table on page 162
**Step 3:** Once finished <u>say out loud</u> the times table, with eyes *closed*!

*Note: If you get stuck or get an incorrect answer, review times table on 'Standard Order' page.*

| | |
|---|---|
| 5 x 12 = ____ | 5 x 7 = ____ |
| 5 x 8 = ____ | 5 x 5 = ____ |
| 5 x 4 = ____ | 5 x 10 = ____ |
| 5 x 6 = ____ | 5 x 3 = ____ |
| 5 x 9 = ____ | 5 x 6 = ____ |
| 5 x 7 = ____ | 5 x 11 = ____ |
| 5 x 10 = ____ | 5 x 8 = ____ |
| 5 x 11 = ____ | 5 x 9 = ____ |
| 5 x 5 = ____ | 5 x 2 = ____ |
| 5 x 3 = ____ | 5 x 12 = ____ |
| 5 x 1 = ____ | 5 x 4 = ____ |
| 5 x 2 = ____ | 5 x 1 = ____ |

# EXERCISE #12

### • 5 Times Table •

**Step 1:** Complete the exercise below in one session, <u>without stopping</u>
**Step 2:** Check answers using the original *Standard Order* table on page 162
**Step 3:** Once finished <u>say out loud</u> the times table, with eyes *closed*!

*Note: If you get stuck or get an incorrect answer, review times table on 'Standard Order' page.*

| | | | | | | | |
|---|---|---|---|---|---|---|---|
| 5 | x | 9 | = | ___ | 5 | x | 4 | = | ___ |
| 5 | x | 12 | = | ___ | 5 | x | 3 | = | ___ |
| 5 | x | 7 | = | ___ | 5 | x | 8 | = | ___ |
| 5 | x | 8 | = | ___ | 5 | x | 11 | = | ___ |
| 5 | x | 2 | = | ___ | 5 | x | 5 | = | ___ |
| 5 | x | 6 | = | ___ | 5 | x | 12 | = | ___ |
| 5 | x | 3 | = | ___ | 5 | x | 7 | = | ___ |
| 5 | x | 5 | = | ___ | 5 | x | 10 | = | ___ |
| 5 | x | 10 | = | ___ | 5 | x | 6 | = | ___ |
| 5 | x | 4 | = | ___ | 5 | x | 1 | = | ___ |
| 5 | x | 11 | = | ___ | 5 | x | 2 | = | ___ |
| 5 | x | 1 | = | ___ | 5 | x | 9 | = | ___ |

# STANDARD ORDER

### • 5 Divisions Table •

**Step 1:** Look and read <u>out loud</u> the division table below – *Repeat* three times
**Step 2:** <u>Cover answers</u> and read out loud, along with your answers. *Repeat* three times
**Step 3:** <u>Write down</u> without looking the complete table on a separate piece of paper. *Check answers!*

*Note: If you get stuck or get an incorrect answer, start from Step 1 again.*

| | | | | |
|---|---|---|---|---|
| **5**  | ÷ | 5 | = | 1  |
| **10** | ÷ | 5 | = | 2  |
| **15** | ÷ | 5 | = | 3  |
| **20** | ÷ | 5 | = | 4  |
| **25** | ÷ | 5 | = | 5  |
| **30** | ÷ | 5 | = | 6  |
| **35** | ÷ | 5 | = | 7  |
| **40** | ÷ | 5 | = | 8  |
| **45** | ÷ | 5 | = | 9  |
| **50** | ÷ | 5 | = | 10 |
| **55** | ÷ | 5 | = | 11 |
| **60** | ÷ | 5 | = | 12 |

# REVERSE ORDER

### • 5 Divisions Table •

**Step 1:** Look and read <u>out loud</u> the divisions below – *Repeat* three times
**Step 2:** <u>Cover answers</u> and read out loud, along with your answers. *Repeat* three times
**Step 3:** <u>Write down</u> without looking the complete table on a separate piece of paper. *Check answers!*

*Note: If you get stuck or get an incorrect answer, start from Step 1 again.*

| | | | | |
|---|---|---|---|---|
| **60** | ÷ | 5 | = | 12 |
| **55** | ÷ | 5 | = | 11 |
| **50** | ÷ | 5 | = | 10 |
| **45** | ÷ | 5 | = | 9 |
| **40** | ÷ | 5 | = | 8 |
| **35** | ÷ | 5 | = | 7 |
| **30** | ÷ | 5 | = | 6 |
| **25** | ÷ | 5 | = | 5 |
| **20** | ÷ | 5 | = | 4 |
| **15** | ÷ | 5 | = | 3 |
| **10** | ÷ | 5 | = | 2 |
| **5** | ÷ | 5 | = | 1 |

Times Tables (Book 1): Comprehensive Memorisation Program with Exercises

# EXERCISE #13

### • 5 Divisions Table •

**Step 1:** Complete the exercise below in one session, <u>without stopping</u>
**Step 2:** Check answers using the original *Standard Order* table on page 178
**Step 3:** Once finished <u>say out loud</u> the divisions, with eyes *closed*!

*Note: If you get stuck or get an incorrect answer, review divisions on 'Standard Order' page.*

| | |
|---|---|
| 5 ÷ 5 = ____ | 60 ÷ 5 = ____ |
| 10 ÷ 5 = ____ | 55 ÷ 5 = ____ |
| 15 ÷ 5 = ____ | 50 ÷ 5 = ____ |
| 20 ÷ 5 = ____ | 45 ÷ 5 = ____ |
| 25 ÷ 5 = ____ | 40 ÷ 5 = ____ |
| 30 ÷ 5 = ____ | 35 ÷ 5 = ____ |
| 35 ÷ 5 = ____ | 30 ÷ 5 = ____ |
| 40 ÷ 5 = ____ | 25 ÷ 5 = ____ |
| 45 ÷ 5 = ____ | 20 ÷ 5 = ____ |
| 50 ÷ 5 = ____ | 15 ÷ 5 = ____ |
| 55 ÷ 5 = ____ | 10 ÷ 5 = ____ |
| 60 ÷ 5 = ____ | 5 ÷ 5 = ____ |

# EXERCISE #14

### • 5 Divisions Table •

**Step 1:** Complete the exercise below in one session, <u>without stopping</u>
**Step 2:** Check answers using the original *Standard Order* table on page 178
**Step 3:** Once finished <u>say out loud</u> the divisions, with eyes *closed*!

*Note: If you get stuck or get an incorrect answer, review divisions on 'Standard Order' page.*

| | | |
|---|---|---|
| 60 ÷ 5 = \_\_\_\_ | 5 ÷ 5 = \_\_\_\_ |
| 55 ÷ 5 = \_\_\_\_ | 10 ÷ 5 = \_\_\_\_ |
| 50 ÷ 5 = \_\_\_\_ | 15 ÷ 5 = \_\_\_\_ |
| 45 ÷ 5 = \_\_\_\_ | 20 ÷ 5 = \_\_\_\_ |
| 40 ÷ 5 = \_\_\_\_ | 25 ÷ 5 = \_\_\_\_ |
| 35 ÷ 5 = \_\_\_\_ | 30 ÷ 5 = \_\_\_\_ |
| 30 ÷ 5 = \_\_\_\_ | 35 ÷ 5 = \_\_\_\_ |
| 25 ÷ 5 = \_\_\_\_ | 40 ÷ 5 = \_\_\_\_ |
| 20 ÷ 5 = \_\_\_\_ | 45 ÷ 5 = \_\_\_\_ |
| 15 ÷ 5 = \_\_\_\_ | 50 ÷ 5 = \_\_\_\_ |
| 10 ÷ 5 = \_\_\_\_ | 55 ÷ 5 = \_\_\_\_ |
| 5 ÷ 5 = \_\_\_\_ | 60 ÷ 5 = \_\_\_\_ |

# EXERCISE #15

### • 5 Divisions Table •

**Step 1:** Complete the exercise below in one session, <u>without stopping</u>
**Step 2:** Check answers using the original *Standard Order* table on page 178
**Step 3:** Once finished <u>say out loud</u> the divisions, with eyes *closed*!

*Note: If you get stuck or get an incorrect answer, review divisions on 'Standard Order' page.*

| | | |
|---|---|---|
| 50 ÷ 5 = ____ | | 30 ÷ 5 = ____ |
| 45 ÷ 5 = ____ | | 5 ÷ 5 = ____ |
| 55 ÷ 5 = ____ | | 15 ÷ 5 = ____ |
| 35 ÷ 5 = ____ | | 20 ÷ 5 = ____ |
| 30 ÷ 5 = ____ | | 25 ÷ 5 = ____ |
| 15 ÷ 5 = ____ | | 35 ÷ 5 = ____ |
| 5 ÷ 5 = ____ | | 45 ÷ 5 = ____ |
| 25 ÷ 5 = ____ | | 50 ÷ 5 = ____ |
| 60 ÷ 5 = ____ | | 40 ÷ 5 = ____ |
| 40 ÷ 5 = ____ | | 60 ÷ 5 = ____ |
| 20 ÷ 5 = ____ | | 55 ÷ 5 = ____ |
| 10 ÷ 5 = ____ | | 10 ÷ 5 = ____ |

# EXERCISE #16

### • 5 Divisions Table •

**Step 1:** Complete the exercise below in one session, <u>without stopping</u>
**Step 2:** Check answers using the original *Standard Order* table on page 178
**Step 3:** Once finished <u>say out loud</u> the divisions, with eyes *closed*!

*Note: If you get stuck or get an incorrect answer, review divisions on 'Standard Order' page.*

| | | |
|---|---|---|
| 5 ÷ 5 = ____ | | 35 ÷ 5 = ____ |
| 20 ÷ 5 = ____ | | 60 ÷ 5 = ____ |
| 60 ÷ 5 = ____ | | 40 ÷ 5 = ____ |
| 50 ÷ 5 = ____ | | 10 ÷ 5 = ____ |
| 55 ÷ 5 = ____ | | 5 ÷ 5 = ____ |
| 40 ÷ 5 = ____ | | 15 ÷ 5 = ____ |
| 25 ÷ 5 = ____ | | 55 ÷ 5 = ____ |
| 30 ÷ 5 = ____ | | 30 ÷ 5 = ____ |
| 35 ÷ 5 = ____ | | 45 ÷ 5 = ____ |
| 45 ÷ 5 = ____ | | 20 ÷ 5 = ____ |
| 10 ÷ 5 = ____ | | 25 ÷ 5 = ____ |
| 15 ÷ 5 = ____ | | 50 ÷ 5 = ____ |

Times Tables (Book 1): Comprehensive Memorisation Program with Exercises

# EXERCISE #17

### • 5 Divisions Table •

**Step 1:** Complete the exercise below in one session, <u>without stopping</u>
**Step 2:** Check answers using the original *Standard Order* table on page 178
**Step 3:** Once finished <u>say out loud</u> the divisions, with eyes *closed*!

*Note: If you get stuck or get an incorrect answer, review divisions on 'Standard Order' page.*

| | |
|---|---|
| 30 ÷ 5 = ____ | 25 ÷ 5 = ____ |
| 55 ÷ 5 = ____ | 35 ÷ 5 = ____ |
| 40 ÷ 5 = ____ | 60 ÷ 5 = ____ |
| 25 ÷ 5 = ____ | 40 ÷ 5 = ____ |
| 5 ÷ 5 = ____ | 20 ÷ 5 = ____ |
| 45 ÷ 5 = ____ | 30 ÷ 5 = ____ |
| 35 ÷ 5 = ____ | 5 ÷ 5 = ____ |
| 10 ÷ 5 = ____ | 50 ÷ 5 = ____ |
| 20 ÷ 5 = ____ | 55 ÷ 5 = ____ |
| 50 ÷ 5 = ____ | 10 ÷ 5 = ____ |
| 60 ÷ 5 = ____ | 15 ÷ 5 = ____ |
| 15 ÷ 5 = ____ | 45 ÷ 5 = ____ |

# EXERCISE #18

### • 5 Divisions Table •

**Step 1:** Complete the exercise below in one session, <u>without stopping</u>
**Step 2:** Check answers using the original *Standard Order* table on page 178
**Step 3:** Once finished <u>say out loud</u> the divisions, with eyes *closed*!

*Note: If you get stuck or get an incorrect answer, review divisions on 'Standard Order' page.*

| | |
|---|---|
| 20 ÷ 5 = ____ | 10 ÷ 5 = ____ |
| 40 ÷ 5 = ____ | 35 ÷ 5 = ____ |
| 25 ÷ 5 = ____ | 45 ÷ 5 = ____ |
| 35 ÷ 5 = ____ | 5 ÷ 5 = ____ |
| 60 ÷ 5 = ____ | 15 ÷ 5 = ____ |
| 5 ÷ 5 = ____ | 60 ÷ 5 = ____ |
| 50 ÷ 5 = ____ | 30 ÷ 5 = ____ |
| 15 ÷ 5 = ____ | 50 ÷ 5 = ____ |
| 30 ÷ 5 = ____ | 55 ÷ 5 = ____ |
| 45 ÷ 5 = ____ | 20 ÷ 5 = ____ |
| 55 ÷ 5 = ____ | 40 ÷ 5 = ____ |
| 10 ÷ 5 = ____ | 25 ÷ 5 = ____ |

# STOP!

Now, <u>read out loud</u> the divisions below – *Repeat* three times

| | | | | |
|---|---|---|---|---|
| **5** | ÷ | 5 | = | 1 |
| **10** | ÷ | 5 | = | 2 |
| **15** | ÷ | 5 | = | 3 |
| **20** | ÷ | 5 | = | 4 |
| **25** | ÷ | 5 | = | 5 |
| **30** | ÷ | 5 | = | 6 |
| **35** | ÷ | 5 | = | 7 |
| **40** | ÷ | 5 | = | 8 |
| **45** | ÷ | 5 | = | 9 |
| **50** | ÷ | 5 | = | 10 |
| **55** | ÷ | 5 | = | 11 |
| **60** | ÷ | 5 | = | 12 |

# 5

Now, <u>read out loud</u> the **reverse** divisions below – *Repeat three times*

| | | | | |
|---|---|---|---|---|
| **60** | ÷ | 5 | = | 12 |
| **55** | ÷ | 5 | = | 11 |
| **50** | ÷ | 5 | = | 10 |
| **45** | ÷ | 5 | = | 9 |
| **40** | ÷ | 5 | = | 8 |
| **35** | ÷ | 5 | = | 7 |
| **30** | ÷ | 5 | = | 6 |
| **25** | ÷ | 5 | = | 5 |
| **20** | ÷ | 5 | = | 4 |
| **15** | ÷ | 5 | = | 3 |
| **10** | ÷ | 5 | = | 2 |
| **5** | ÷ | 5 | = | 1 |

# EXERCISE #19

### • 5 Divisions Table •

**Step 1:** Complete the exercise below in one session, <u>without stopping</u>
**Step 2:** Check answers using the original *Standard Order* table on page 178
**Step 3:** Once finished <u>say out loud</u> the divisions, with eyes *closed*!

*Note: If you get stuck or get an incorrect answer, review divisions on 'Standard Order' page.*

| | | |
|---|---|---|
| 5 ÷ 5 = \_\_\_\_ | | 60 ÷ 5 = \_\_\_\_ |
| 10 ÷ 5 = \_\_\_\_ | | 55 ÷ 5 = \_\_\_\_ |
| 15 ÷ 5 = \_\_\_\_ | | 50 ÷ 5 = \_\_\_\_ |
| 20 ÷ 5 = \_\_\_\_ | | 45 ÷ 5 = \_\_\_\_ |
| 25 ÷ 5 = \_\_\_\_ | | 40 ÷ 5 = \_\_\_\_ |
| 30 ÷ 5 = \_\_\_\_ | | 35 ÷ 5 = \_\_\_\_ |
| 35 ÷ 5 = \_\_\_\_ | | 30 ÷ 5 = \_\_\_\_ |
| 40 ÷ 5 = \_\_\_\_ | | 25 ÷ 5 = \_\_\_\_ |
| 45 ÷ 5 = \_\_\_\_ | | 20 ÷ 5 = \_\_\_\_ |
| 50 ÷ 5 = \_\_\_\_ | | 15 ÷ 5 = \_\_\_\_ |
| 55 ÷ 5 = \_\_\_\_ | | 10 ÷ 5 = \_\_\_\_ |
| 60 ÷ 5 = \_\_\_\_ | | 5 ÷ 5 = \_\_\_\_ |

# EXERCISE #20

### • 5 Divisions Table •

**Step 1:** Complete the exercise below in one session, <u>without stopping</u>
**Step 2:** Check answers using the original *Standard Order* table on page 178
**Step 3:** Once finished <u>say out loud</u> the divisions, with eyes *closed*!

*Note: If you get stuck or get an incorrect answer, review divisions on 'Standard Order' page.*

| | | |
|---|---|---|
| 60 ÷ 5 = \_\_\_\_ | 5 ÷ 5 = \_\_\_\_ |
| 55 ÷ 5 = \_\_\_\_ | 10 ÷ 5 = \_\_\_\_ |
| 50 ÷ 5 = \_\_\_\_ | 15 ÷ 5 = \_\_\_\_ |
| 45 ÷ 5 = \_\_\_\_ | 20 ÷ 5 = \_\_\_\_ |
| 40 ÷ 5 = \_\_\_\_ | 25 ÷ 5 = \_\_\_\_ |
| 35 ÷ 5 = \_\_\_\_ | 30 ÷ 5 = \_\_\_\_ |
| 30 ÷ 5 = \_\_\_\_ | 35 ÷ 5 = \_\_\_\_ |
| 25 ÷ 5 = \_\_\_\_ | 40 ÷ 5 = \_\_\_\_ |
| 20 ÷ 5 = \_\_\_\_ | 45 ÷ 5 = \_\_\_\_ |
| 15 ÷ 5 = \_\_\_\_ | 50 ÷ 5 = \_\_\_\_ |
| 10 ÷ 5 = \_\_\_\_ | 55 ÷ 5 = \_\_\_\_ |
| 5 ÷ 5 = \_\_\_\_ | 60 ÷ 5 = \_\_\_\_ |

# EXERCISE #21

### • 5 Divisions Table •

**Step 1:** Complete the exercise below in one session, <u>without stopping</u>
**Step 2:** Check answers using the original *Standard Order* table on page 178
**Step 3:** Once finished <u>say out loud</u> the divisions, with eyes *closed*!

*Note: If you get stuck or get an incorrect answer, review divisions on 'Standard Order' page.*

| | | |
|---|---|---|
| 25 ÷ 5 = ____ | 20 ÷ 5 = ____ |
| 10 ÷ 5 = ____ | 45 ÷ 5 = ____ |
| 20 ÷ 5 = ____ | 30 ÷ 5 = ____ |
| 35 ÷ 5 = ____ | 60 ÷ 5 = ____ |
| 15 ÷ 5 = ____ | 55 ÷ 5 = ____ |
| 30 ÷ 5 = ____ | 50 ÷ 5 = ____ |
| 5 ÷ 5 = ____ | 35 ÷ 5 = ____ |
| 40 ÷ 5 = ____ | 15 ÷ 5 = ____ |
| 55 ÷ 5 = ____ | 40 ÷ 5 = ____ |
| 60 ÷ 5 = ____ | 10 ÷ 5 = ____ |
| 45 ÷ 5 = ____ | 5 ÷ 5 = ____ |
| 50 ÷ 5 = ____ | 25 ÷ 5 = ____ |

# EXERCISE #22

### • 5 Divisions Table •

**Step 1:** Complete the exercise below in one session, without stopping
**Step 2:** Check answers using the original *Standard Order* table on page 178
**Step 3:** Once finished say out loud the divisions, with eyes *closed*!

*Note: If you get stuck or get an incorrect answer, review divisions on 'Standard Order' page.*

| | | |
|---|---|---|
| 40 ÷ 5 = ____ | 60 ÷ 5 = ____ |
| 20 ÷ 5 = ____ | 20 ÷ 5 = ____ |
| 60 ÷ 5 = ____ | 30 ÷ 5 = ____ |
| 35 ÷ 5 = ____ | 10 ÷ 5 = ____ |
| 30 ÷ 5 = ____ | 45 ÷ 5 = ____ |
| 45 ÷ 5 = ____ | 40 ÷ 5 = ____ |
| 10 ÷ 5 = ____ | 50 ÷ 5 = ____ |
| 55 ÷ 5 = ____ | 5 ÷ 5 = ____ |
| 25 ÷ 5 = ____ | 15 ÷ 5 = ____ |
| 5 ÷ 5 = ____ | 55 ÷ 5 = ____ |
| 50 ÷ 5 = ____ | 25 ÷ 5 = ____ |
| 15 ÷ 5 = ____ | 35 ÷ 5 = ____ |

# EXERCISE #23

### • 5 Divisions Table •

**Step 1:** Complete the exercise below in one session, <u>without stopping</u>
**Step 2:** Check answers using the original *Standard Order* table on page 178
**Step 3:** Once finished <u>say out loud</u> the divisions, with eyes *closed*!

*Note: If you get stuck or get an incorrect answer, review divisions on 'Standard Order' page.*

| | | |
|---|---|---|
| 10 ÷ 5 = \_\_\_\_ | | 45 ÷ 5 = \_\_\_\_ |
| 35 ÷ 5 = \_\_\_\_ | | 35 ÷ 5 = \_\_\_\_ |
| 30 ÷ 5 = \_\_\_\_ | | 15 ÷ 5 = \_\_\_\_ |
| 20 ÷ 5 = \_\_\_\_ | | 10 ÷ 5 = \_\_\_\_ |
| 25 ÷ 5 = \_\_\_\_ | | 25 ÷ 5 = \_\_\_\_ |
| 40 ÷ 5 = \_\_\_\_ | | 30 ÷ 5 = \_\_\_\_ |
| 15 ÷ 5 = \_\_\_\_ | | 55 ÷ 5 = \_\_\_\_ |
| 55 ÷ 5 = \_\_\_\_ | | 5 ÷ 5 = \_\_\_\_ |
| 50 ÷ 5 = \_\_\_\_ | | 40 ÷ 5 = \_\_\_\_ |
| 60 ÷ 5 = \_\_\_\_ | | 50 ÷ 5 = \_\_\_\_ |
| 45 ÷ 5 = \_\_\_\_ | | 20 ÷ 5 = \_\_\_\_ |
| 5 ÷ 5 = \_\_\_\_ | | 60 ÷ 5 = \_\_\_\_ |

# EXERCISE #24

### • 5 Divisions Table •

**Step 1:** Complete the exercise below in one session, <u>without stopping</u>
**Step 2:** Check answers using the original *Standard Order* table on page 178
**Step 3:** Once finished <u>say out loud</u> the divisions, with eyes *closed*!

*Note: If you get stuck or get an incorrect answer, review divisions on 'Standard Order' page.*

| | | |
|---|---|---|
| 30 ÷ 5 = ____ | 45 ÷ 5 = ____ |
| 40 ÷ 5 = ____ | 25 ÷ 5 = ____ |
| 10 ÷ 5 = ____ | 20 ÷ 5 = ____ |
| 5 ÷ 5 = ____ | 35 ÷ 5 = ____ |
| 55 ÷ 5 = ____ | 40 ÷ 5 = ____ |
| 35 ÷ 5 = ____ | 55 ÷ 5 = ____ |
| 60 ÷ 5 = ____ | 60 ÷ 5 = ____ |
| 25 ÷ 5 = ____ | 10 ÷ 5 = ____ |
| 15 ÷ 5 = ____ | 50 ÷ 5 = ____ |
| 20 ÷ 5 = ____ | 30 ÷ 5 = ____ |
| 50 ÷ 5 = ____ | 5 ÷ 5 = ____ |
| 45 ÷ 5 = ____ | 15 ÷ 5 = ____ |

*Times Tables (Book 1): Comprehensive Memorisation Program with Exercises*

# EXERCISE # 25

### • 5 Multiplications & Divisions •

**Step 1:** Complete the exercise below in one session, <u>without stopping</u>
**Step 2:** Check answers using the original *Standard Order* table on pages 162 & 178

*Note: If you get stuck or get an incorrect answer, review table on 'Standard Order' pages.*

| | | | | | | |
|---|---|---|---|---|---|---|
| 5 | x | 10 | = ____ | 60 | ÷ 5 | = ____ |
| 5 | x | 8 | = ____ | 40 | ÷ 5 | = ____ |
| 45 | ÷ | 5 | = ____ | 5 | x 2 | = ____ |
| 5 | x | 1 | = ____ | 15 | ÷ 5 | = ____ |
| 35 | ÷ | 5 | = ____ | 30 | ÷ 5 | = ____ |
| 55 | ÷ | 5 | = ____ | 5 | x 12 | = ____ |
| 10 | ÷ | 5 | = ____ | 5 | ÷ 5 | = ____ |
| 5 | x | 5 | = ____ | 5 | x 9 | = ____ |
| 25 | ÷ | 5 | = ____ | 5 | x 7 | = ____ |
| 20 | ÷ | 5 | = ____ | 5 | x 11 | = ____ |
| 5 | x | 4 | = ____ | 50 | ÷ 5 | = ____ |
| 5 | x | 3 | = ____ | 5 | x 6 | = ____ |

# EXERCISE #26

### • 5 Multiplications & Divisions •

**Step 1:** Complete the exercise below in one session, <u>without stopping</u>
**Step 2:** Check answers using the original *Standard Order* table on pages 162 & 178

*Note: If you get stuck or get an incorrect answer, review table on 'Standard Order' pages.*

| | | |
|---|---|---|
| 50 ÷ 5 = \_\_\_\_ | 60 ÷ 5 = \_\_\_\_ |
| 5 x 5 = \_\_\_\_ | 30 ÷ 5 = \_\_\_\_ |
| 35 ÷ 5 = \_\_\_\_ | 5 x 2 = \_\_\_\_ |
| 20 ÷ 5 = \_\_\_\_ | 45 ÷ 5 = \_\_\_\_ |
| 5 x 7 = \_\_\_\_ | 55 ÷ 5 = \_\_\_\_ |
| 10 ÷ 5 = \_\_\_\_ | 5 x 4 = \_\_\_\_ |
| 5 x 6 = \_\_\_\_ | 5 ÷ 5 = \_\_\_\_ |
| 40 ÷ 5 = \_\_\_\_ | 25 ÷ 5 = \_\_\_\_ |
| 15 ÷ 5 = \_\_\_\_ | 5 x 10 = \_\_\_\_ |
| 5 x 11 = \_\_\_\_ | 5 x 8 = \_\_\_\_ |
| 5 x 3 = \_\_\_\_ | 5 x 1 = \_\_\_\_ |
| 5 x 9 = \_\_\_\_ | 5 x 12 = \_\_\_\_ |

# EXERCISE #27

## • 5 Multiplications & Divisions •

**Step 1:** Complete the exercise below in one session, <u>without stopping</u>
**Step 2:** Check answers using the original *Standard Order* table on pages 162 & 178

*Note: If you get stuck or get an incorrect answer, review table on 'Standard Order' pages.*

| | |
|---|---|
| 5 x 9 = ____ | 5 x 7 = ____ |
| 5 x 2 = ____ | 25 ÷ 5 = ____ |
| 5 x 6 = ____ | 35 ÷ 5 = ____ |
| 60 ÷ 5 = ____ | 30 ÷ 5 = ____ |
| 5 x 4 = ____ | 40 ÷ 5 = ____ |
| 5 x 3 = ____ | 45 ÷ 5 = ____ |
| 20 ÷ 5 = ____ | 5 x 8 = ____ |
| 10 ÷ 5 = ____ | 15 ÷ 5 = ____ |
| 5 ÷ 5 = ____ | 5 x 5 = ____ |
| 5 x 1 = ____ | 50 ÷ 5 = ____ |
| 5 x 10 = ____ | 55 ÷ 5 = ____ |
| 5 x 12 = ____ | 5 x 11 = ____ |

# EXERCISE #28

### • 5 Multiplications & Divisions •

**Step 1:** Complete the exercise below in one session, <u>without stopping</u>
**Step 2:** Check answers using the original *Standard Order* table on pages 162 & 173

*Note: If you get stuck or get an incorrect answer, review table on 'Standard Order' pages.*

| | |
|---|---|
| 55 ÷ 5 = \_\_\_\_ | 20 ÷ 5 = \_\_\_\_ |
| 15 ÷ 5 = \_\_\_\_ | 5 x 11 = \_\_\_\_ |
| 40 ÷ 5 = \_\_\_\_ | 5 x 5 = \_\_\_\_ |
| 35 ÷ 5 = \_\_\_\_ | 25 ÷ 5 = \_\_\_\_ |
| 30 ÷ 5 = \_\_\_\_ | 5 x 12 = \_\_\_\_ |
| 5 x 10 = \_\_\_\_ | 5 x 1 = \_\_\_\_ |
| 5 x 9 = \_\_\_\_ | 5 x 4 = \_\_\_\_ |
| 5 x 6 = \_\_\_\_ | 5 x 2 = \_\_\_\_ |
| 50 ÷ 5 = \_\_\_\_ | 45 ÷ 5 = \_\_\_\_ |
| 5 x 3 = \_\_\_\_ | 5 x 8 = \_\_\_\_ |
| 5 ÷ 5 = \_\_\_\_ | 5 x 7 = \_\_\_\_ |
| 10 ÷ 5 = \_\_\_\_ | 60 ÷ 5 = \_\_\_\_ |

# CONGRATULATIONS!

You have learnt your
**5** multiplications and divisions!

_____
Date

*Now you are ready to learn your*

# 6

# times table.

# STANDARD ORDER

### • 6 Times Table •

**Step 1:** Look and read <u>out loud</u> the times table below – <u>Repeat</u> *three times*

**Step 2:** <u>Cover answers</u> and read out loud, along with your answers. <u>Repeat</u> *three times*

**Step 3:** <u>Write down</u> without looking the complete table on a separate piece of paper. *Check answers!*

*Note: If you get stuck or get an incorrect answer, start from Step 1 again.*

| | | | | |
|---|---|---|---|---|
| 6 | x | 1 | = | **6** |
| 6 | x | 2 | = | **12** |
| 6 | x | 3 | = | **18** |
| 6 | x | 4 | = | **24** |
| 6 | x | 5 | = | **30** |
| 6 | x | 6 | = | **36** |
| 6 | x | 7 | = | **42** |
| 6 | x | 8 | = | **48** |
| 6 | x | 9 | = | **54** |
| 6 | x | 10 | = | **60** |
| 6 | x | 11 | = | **66** |
| 6 | x | 12 | = | **72** |

# REVERSE ORDER

### • 6 Times Table •

**Step 1:** Look and read <u>out loud</u> the times table below – *Repeat* three times
**Step 2:** <u>Cover answers</u> and read out loud, along with your answers. *Repeat* three times
**Step 3:** <u>Write down</u> without looking the complete table on a separate piece of paper. Check answers!

*Note: If you get stuck or get an incorrect answer, start from Step 1 again.*

| | | | | |
|---|---|---|---|---|
| 6 | x | 12 | = | **72** |
| 6 | x | 11 | = | **66** |
| 6 | x | 10 | = | **60** |
| 6 | x | 9 | = | **54** |
| 6 | x | 8 | = | **48** |
| 6 | x | 7 | = | **42** |
| 6 | x | 6 | = | **36** |
| 6 | x | 5 | = | **30** |
| 6 | x | 4 | = | **24** |
| 6 | x | 3 | = | **18** |
| 6 | x | 2 | = | **12** |
| 6 | x | 1 | = | **6** |

# EXERCISE #1

## • 6 Times Table •

**Step 1:** Complete the exercise below in one session, <u>without stopping</u>
**Step 2:** Check answers using the original *Standard Order* table on page 200
**Step 3:** Once finished <u>say out loud</u> the times table, with eyes *closed*!

*Note: If you get stuck or get an incorrect answer, review times table on 'Standard Order' page.*

| | | |
|---|---|---|
| 6 x 1 = ___ | | 6 x 12 = ___ |
| 6 x 2 = ___ | | 6 x 11 = ___ |
| 6 x 3 = ___ | | 6 x 10 = ___ |
| 6 x 4 = ___ | | 6 x 9 = ___ |
| 6 x 5 = ___ | | 6 x 8 = ___ |
| 6 x 6 = ___ | | 6 x 7 = ___ |
| 6 x 7 = ___ | | 6 x 6 = ___ |
| 6 x 8 = ___ | | 6 x 5 = ___ |
| 6 x 9 = ___ | | 6 x 4 = ___ |
| 6 x 10 = ___ | | 6 x 3 = ___ |
| 6 x 11 = ___ | | 6 x 2 = ___ |
| 6 x 12 = ___ | | 6 x 1 = ___ |

# EXERCISE #2

### • 6 Times Table •

**Step 1:** Complete the exercise below in one session, <u>without stopping</u>
**Step 2:** Check answers using the original *Standard Order* table on page 200
**Step 3:** Once finished <u>say out loud</u> the times table, with eyes *closed*!

*Note: If you get stuck or get an incorrect answer, review times table on 'Standard Order' page.*

| | | | | | | | |
|---|---|---|---|---|---|---|---|
| 6 | x | 12 | = | ____ | 6 | x | 1 | = | ____ |
| 6 | x | 11 | = | ____ | 6 | x | 2 | = | ____ |
| 6 | x | 10 | = | ____ | 6 | x | 3 | = | ____ |
| 6 | x | 9 | = | ____ | 6 | x | 4 | = | ____ |
| 6 | x | 8 | = | ____ | 6 | x | 5 | = | ____ |
| 6 | x | 7 | = | ____ | 6 | x | 6 | = | ____ |
| 6 | x | 6 | = | ____ | 6 | x | 7 | = | ____ |
| 6 | x | 5 | = | ____ | 6 | x | 8 | = | ____ |
| 6 | x | 4 | = | ____ | 6 | x | 9 | = | ____ |
| 6 | x | 3 | = | ____ | 6 | x | 10 | = | ____ |
| 6 | x | 2 | = | ____ | 6 | x | 11 | = | ____ |
| 6 | x | 1 | = | ____ | 6 | x | 12 | = | ____ |

Times Tables (Book 1): Comprehensive Memorisation Program with Exercises

# EXERCISE #3

## • 6 Times Table •

**Step 1:** Complete the exercise below in one session, <u>without stopping</u>
**Step 2:** Check answers using the original *Standard Order* table on page 200
**Step 3:** Once finished <u>say out loud</u> the times table, with eyes *closed*!

*Note: If you get stuck or get an incorrect answer, review times table on 'Standard Order' page.*

| | |
|---|---|
| 6 x 8 = ___ | 6 x 9 = ___ |
| 6 x 1 = ___ | 6 x 5 = ___ |
| 6 x 9 = ___ | 6 x 3 = ___ |
| 6 x 5 = ___ | 6 x 7 = ___ |
| 6 x 12 = ___ | 6 x 2 = ___ |
| 6 x 3 = ___ | 6 x 8 = ___ |
| 6 x 2 = ___ | 6 x 6 = ___ |
| 6 x 10 = ___ | 6 x 1 = ___ |
| 6 x 11 = ___ | 6 x 12 = ___ |
| 6 x 4 = ___ | 6 x 11 = ___ |
| 6 x 7 = ___ | 6 x 4 = ___ |
| 6 x 6 = ___ | 6 x 10 = ___ |

# EXERCISE #4

### • 6 Times Table •

**Step 1:** Complete the exercise below in one session, <u>without stopping</u>
**Step 2:** Check answers using the original *Standard Order* table on page 200
**Step 3:** Once finished <u>say out loud</u> the times table, with eyes *closed*!

*Note: If you get stuck or get an incorrect answer, review times table on 'Standard Order' page.*

| | |
|---|---|
| 6 x 12 = ___ | 6 x 10 = ___ |
| 6 x 3 = ___ | 6 x 3 = ___ |
| 6 x 2 = ___ | 6 x 9 = ___ |
| 6 x 5 = ___ | 6 x 4 = ___ |
| 6 x 11 = ___ | 6 x 1 = ___ |
| 6 x 8 = ___ | 6 x 2 = ___ |
| 6 x 4 = ___ | 6 x 5 = ___ |
| 6 x 10 = ___ | 6 x 8 = ___ |
| 6 x 9 = ___ | 6 x 7 = ___ |
| 6 x 6 = ___ | 6 x 6 = ___ |
| 6 x 7 = ___ | 6 x 11 = ___ |
| 6 x 1 = ___ | 6 x 12 = ___ |

# EXERCISE #5

## • 6 Times Table •

**Step 1:** Complete the exercise below in one session, <u>without stopping</u>
**Step 2:** Check answers using the original *Standard Order* table on page 200
**Step 3:** Once finished <u>say out loud</u> the times table, with eyes *closed*!

*Note: If you get stuck or get an incorrect answer, review times table on 'Standard Order' page.*

| | | |
|---|---|---|
| 6 x 6 = ____ | 6 x 8 = ____ |
| 6 x 7 = ____ | 6 x 11 = ____ |
| 6 x 8 = ____ | 6 x 5 = ____ |
| 6 x 1 = ____ | 6 x 2 = ____ |
| 6 x 5 = ____ | 6 x 9 = ____ |
| 6 x 3 = ____ | 6 x 12 = ____ |
| 6 x 11 = ____ | 6 x 10 = ____ |
| 6 x 9 = ____ | 6 x 3 = ____ |
| 6 x 4 = ____ | 6 x 6 = ____ |
| 6 x 12 = ____ | 6 x 4 = ____ |
| 6 x 10 = ____ | 6 x 1 = ____ |
| 6 x 2 = ____ | 6 x 7 = ____ |

# EXERCISE #6

### • 6 Times Table •

**Step 1:** Complete the exercise below in one session, <u>without stopping</u>
**Step 2:** Check answers using the original *Standard Order* table on page 200
**Step 3:** Once finished <u>say out loud</u> the times table, with eyes *closed*!

*Note: If you get stuck or get an incorrect answer, review times table on 'Standard Order' page.*

| | | | | | | |
|---|---|---|---|---|---|---|
| 6 | x | 4  | = ___ | 6 | x | 3  = ___ |
| 6 | x | 2  | = ___ | 6 | x | 6  = ___ |
| 6 | x | 7  | = ___ | 6 | x | 11 = ___ |
| 6 | x | 3  | = ___ | 6 | x | 2  = ___ |
| 6 | x | 1  | = ___ | 6 | x | 10 = ___ |
| 6 | x | 12 | = ___ | 6 | x | 9  = ___ |
| 6 | x | 10 | = ___ | 6 | x | 4  = ___ |
| 6 | x | 11 | = ___ | 6 | x | 7  = ___ |
| 6 | x | 6  | = ___ | 6 | x | 1  = ___ |
| 6 | x | 5  | = ___ | 6 | x | 12 = ___ |
| 6 | x | 8  | = ___ | 6 | x | 5  = ___ |
| 6 | x | 9  | = ___ | 6 | x | 8  = ___ |

Times Tables (Book 1): Comprehensive Memorisation Program with Exercises

# STOP!

Now, <u>read out loud</u> the **standard** times table below – *Repeat* three times

| | | | | |
|---|---|---|---|---|
| 6 | x | 1 | = | **6** |
| 6 | x | 2 | = | **12** |
| 6 | x | 3 | = | **18** |
| 6 | x | 4 | = | **24** |
| 6 | x | 5 | = | **30** |
| 6 | x | 6 | = | **36** |
| 6 | x | 7 | = | **42** |
| 6 | x | 8 | = | **48** |
| 6 | x | 9 | = | **54** |
| 6 | x | 10 | = | **60** |
| 6 | x | 11 | = | **66** |
| 6 | x | 12 | = | **72** |

# 6

Now, read out loud the **reverse** times table below – *Repeat* three times

| | | | | |
|---|---|---|---|---|
| 6 | x | 12 | = | **36** |
| 6 | x | 11 | = | **33** |
| 6 | x | 10 | = | **30** |
| 6 | x | 9 | = | **27** |
| 6 | x | 8 | = | **24** |
| 6 | x | 7 | = | **21** |
| 6 | x | 6 | = | **18** |
| 6 | x | 5 | = | **15** |
| 6 | x | 4 | = | **12** |
| 6 | x | 3 | = | **9** |
| 6 | x | 2 | = | **6** |
| 6 | x | 1 | = | **3** |

# EXERCISE #7

### • 6 Times Table •

**Step 1:** Complete the exercise below in one session, <u>without stopping</u>
**Step 2:** Check answers using the original *Standard Order* table on page 200
**Step 3:** Once finished <u>say out loud</u> the times table, with eyes *closed*!

*Note: If you get stuck or get an incorrect answer, review times table on 'Standard Order' page.*

| | | | | | | |
|---|---|---|---|---|---|---|
| 6 | x | 1 | = \_\_\_\_ | 6 | x | 12 | = \_\_\_\_ |
| 6 | x | 2 | = \_\_\_\_ | 6 | x | 11 | = \_\_\_\_ |
| 6 | x | 3 | = \_\_\_\_ | 6 | x | 10 | = \_\_\_\_ |
| 6 | x | 4 | = \_\_\_\_ | 6 | x | 9 | = \_\_\_\_ |
| 6 | x | 5 | = \_\_\_\_ | 6 | x | 8 | = \_\_\_\_ |
| 6 | x | 6 | = \_\_\_\_ | 6 | x | 7 | = \_\_\_\_ |
| 6 | x | 7 | = \_\_\_\_ | 6 | x | 6 | = \_\_\_\_ |
| 6 | x | 8 | = \_\_\_\_ | 6 | x | 5 | = \_\_\_\_ |
| 6 | x | 9 | = \_\_\_\_ | 6 | x | 4 | = \_\_\_\_ |
| 6 | x | 10 | = \_\_\_\_ | 6 | x | 3 | = \_\_\_\_ |
| 6 | x | 11 | = \_\_\_\_ | 6 | x | 2 | = \_\_\_\_ |
| 6 | x | 12 | = \_\_\_\_ | 6 | x | 1 | = \_\_\_\_ |

# EXERCISE # 8

### • 6 Times Table •

**Step 1:** Complete the exercise below in one session, <u>without stopping</u>
**Step 2:** Check answers using the original *Standard Order* table on page 200
**Step 3:** Once finished <u>say out loud</u> the times table, with eyes *closed*!

*Note: If you get stuck or get an incorrect answer, review times table on 'Standard Order' page.*

| | | | | | | | |
|---|---|---|---|---|---|---|---|
| 6 | x | 12 | = | ___ | 6 | x | 1 | = | ___ |
| 6 | x | 11 | = | ___ | 6 | x | 2 | = | ___ |
| 6 | x | 10 | = | ___ | 6 | x | 3 | = | ___ |
| 6 | x | 9 | = | ___ | 6 | x | 4 | = | ___ |
| 6 | x | 8 | = | ___ | 6 | x | 5 | = | ___ |
| 6 | x | 7 | = | ___ | 6 | x | 6 | = | ___ |
| 6 | x | 6 | = | ___ | 6 | x | 7 | = | ___ |
| 6 | x | 5 | = | ___ | 6 | x | 8 | = | ___ |
| 6 | x | 4 | = | ___ | 6 | x | 9 | = | ___ |
| 6 | x | 3 | = | ___ | 6 | x | 10 | = | ___ |
| 6 | x | 2 | = | ___ | 6 | x | 11 | = | ___ |
| 6 | x | 1 | = | ___ | 6 | x | 12 | = | ___ |

# EXERCISE #9

### • 6 Times Table •

**Step 1:** Complete the exercise below in one session, <u>without stopping</u>
**Step 2:** Check answers using the original *Standard Order* table on page 200
**Step 3:** Once finished <u>say out loud</u> the times table, with eyes *closed*!

*Note: If you get stuck or get an incorrect answer, review times table on 'Standard Order' page.*

| | | |
|---|---|---|
| 6 x 4 = \_\_\_\_ | | 6 x 5 = \_\_\_\_ |
| 6 x 6 = \_\_\_\_ | | 6 x 7 = \_\_\_\_ |
| 6 x 9 = \_\_\_\_ | | 6 x 8 = \_\_\_\_ |
| 6 x 11 = \_\_\_\_ | | 6 x 1 = \_\_\_\_ |
| 6 x 7 = \_\_\_\_ | | 6 x 10 = \_\_\_\_ |
| 6 x 10 = \_\_\_\_ | | 6 x 6 = \_\_\_\_ |
| 6 x 5 = \_\_\_\_ | | 6 x 12 = \_\_\_\_ |
| 6 x 12 = \_\_\_\_ | | 6 x 9 = \_\_\_\_ |
| 6 x 3 = \_\_\_\_ | | 6 x 11 = \_\_\_\_ |
| 6 x 2 = \_\_\_\_ | | 6 x 2 = \_\_\_\_ |
| 6 x 1 = \_\_\_\_ | | 6 x 4 = \_\_\_\_ |
| 6 x 8 = \_\_\_\_ | | 6 x 3 = \_\_\_\_ |

# EXERCISE #10

### • 6 Times Table •

**Step 1:** Complete the exercise below in one session, <u>without stopping</u>
**Step 2:** Check answers using the original *Standard Order* table on page 200
**Step 3:** Once finished <u>say out loud</u> the times table, with eyes *closed*!

*Note: If you get stuck or get an incorrect answer, review times table on 'Standard Order' page.*

| | | |
|---|---|---|
| 6 x 7 = ___ | | 6 x 12 = ___ |
| 6 x 2 = ___ | | 6 x 4 = ___ |
| 6 x 12 = ___ | | 6 x 3 = ___ |
| 6 x 4 = ___ | | 6 x 11 = ___ |
| 6 x 11 = ___ | | 6 x 8 = ___ |
| 6 x 9 = ___ | | 6 x 10 = ___ |
| 6 x 1 = ___ | | 6 x 5 = ___ |
| 6 x 8 = ___ | | 6 x 7 = ___ |
| 6 x 3 = ___ | | 6 x 2 = ___ |
| 6 x 10 = ___ | | 6 x 9 = ___ |
| 6 x 5 = ___ | | 6 x 6 = ___ |
| 6 x 6 = ___ | | 6 x 1 = ___ |

# EXERCISE #11

## • 6 Times Table •

**Step 1:** Complete the exercise below in one session, <u>without stopping</u>
**Step 2:** Check answers using the original *Standard Order* table on page 200
**Step 3:** Once finished <u>say out loud</u> the times table, with eyes *closed*!

*Note: If you get stuck or get an incorrect answer, review times table on 'Standard Order' page.*

| | | |
|---|---|---|
| 6 x 5 = ____ | 6 x 9 = ____ |
| 6 x 9 = ____ | 6 x 10 = ____ |
| 6 x 10 = ____ | 6 x 5 = ____ |
| 6 x 3 = ____ | 6 x 6 = ____ |
| 6 x 8 = ____ | 6 x 4 = ____ |
| 6 x 6 = ____ | 6 x 3 = ____ |
| 6 x 11 = ____ | 6 x 7 = ____ |
| 6 x 2 = ____ | 6 x 12 = ____ |
| 6 x 4 = ____ | 6 x 2 = ____ |
| 6 x 12 = ____ | 6 x 11 = ____ |
| 6 x 7 = ____ | 6 x 8 = ____ |
| 6 x 1 = ____ | 6 x 1 = ____ |

# EXERCISE #12

### • 6 Times Table •

**Step 1:** Complete the exercise below in one session, <u>without stopping</u>
**Step 2:** Check answers using the original *Standard Order* table on page 200
**Step 3:** Once finished <u>say out loud</u> the times table, with eyes *closed*!

*Note: If you get stuck or get an incorrect answer, review times table on 'Standard Order' page.*

| | | | | | | | |
|---|---|---|---|---|---|---|---|
| 6 | x | 2 | = ___ | 6 | x | 8 | = ___ |
| 6 | x | 5 | = ___ | 6 | x | 2 | = ___ |
| 6 | x | 1 | = ___ | 6 | x | 11 | = ___ |
| 6 | x | 4 | = ___ | 6 | x | 5 | = ___ |
| 6 | x | 9 | = ___ | 6 | x | 7 | = ___ |
| 6 | x | 10 | = ___ | 6 | x | 1 | = ___ |
| 6 | x | 12 | = ___ | 6 | x | 3 | = ___ |
| 6 | x | 3 | = ___ | 6 | x | 9 | = ___ |
| 6 | x | 6 | = ___ | 6 | x | 10 | = ___ |
| 6 | x | 11 | = ___ | 6 | x | 12 | = ___ |
| 6 | x | 8 | = ___ | 6 | x | 6 | = ___ |
| 6 | x | 7 | = ___ | 6 | x | 4 | = ___ |

Times Tables (Book 1): Comprehensive Memorisation Program with Exercises

# STANDARD ORDER

### • 6 Divisions Table •

**Step 1:** Look and read <u>out loud</u> the division table below – <u>*Repeat*</u> *three times*
**Step 2:** <u>Cover answers</u> and read out loud, along with your answers. <u>*Repeat*</u> *three times*
**Step 3:** <u>Write down</u> without looking the complete table on a separate piece of paper. *Check answers!*

*Note: If you get stuck or get an incorrect answer, start from Step 1 again.*

| | | | | |
|---|---|---|---|---|
| **6** | ÷ | 6 | = | 1 |
| **12** | ÷ | 6 | = | 2 |
| **18** | ÷ | 6 | = | 3 |
| **24** | ÷ | 6 | = | 4 |
| **30** | ÷ | 6 | = | 5 |
| **36** | ÷ | 6 | = | 6 |
| **42** | ÷ | 6 | = | 7 |
| **48** | ÷ | 6 | = | 8 |
| **54** | ÷ | 6 | = | 9 |
| **60** | ÷ | 6 | = | 10 |
| **66** | ÷ | 6 | = | 11 |
| **72** | ÷ | 6 | = | 12 |

# REVERSE ORDER

### • 6 Divisions Table •

**Step 1:** Look and read <u>out loud</u> the divisions below – <u>Repeat</u> three times
**Step 2:** <u>Cover answers</u> and read out loud, along with your answers. <u>Repeat</u> three times
**Step 3:** <u>Write down</u> without looking the complete table on a separate piece of paper. *Check answers!*

*Note: If you get stuck or get an incorrect answer, start from Step 1 again.*

| | | | | |
|---|---|---|---|---|
| **72** | ÷ | 6 | = | 12 |
| **66** | ÷ | 6 | = | 11 |
| **60** | ÷ | 6 | = | 10 |
| **54** | ÷ | 6 | = | 9 |
| **48** | ÷ | 6 | = | 8 |
| **42** | ÷ | 6 | = | 7 |
| **36** | ÷ | 6 | = | 6 |
| **30** | ÷ | 6 | = | 5 |
| **24** | ÷ | 6 | = | 4 |
| **18** | ÷ | 6 | = | 3 |
| **12** | ÷ | 6 | = | 2 |
| **6** | ÷ | 6 | = | 1 |

# EXERCISE #13

### • 6 Divisions Table •

**Step 1:** Complete the exercise below in one session, <u>without stopping</u>
**Step 2:** Check answers using the original *Standard Order* table on page 216
**Step 3:** Once finished <u>say out loud</u> the divisions, with eyes *closed*!

*Note: If you get stuck or get an incorrect answer, review divisions on 'Standard Order' page.*

| | |
|---|---|
| 6 ÷ 6 = ____ | 72 ÷ 6 = ____ |
| 12 ÷ 6 = ____ | 66 ÷ 6 = ____ |
| 18 ÷ 6 = ____ | 60 ÷ 6 = ____ |
| 24 ÷ 6 = ____ | 54 ÷ 6 = ____ |
| 30 ÷ 6 = ____ | 48 ÷ 6 = ____ |
| 36 ÷ 6 = ____ | 42 ÷ 6 = ____ |
| 42 ÷ 6 = ____ | 36 ÷ 6 = ____ |
| 48 ÷ 6 = ____ | 30 ÷ 6 = ____ |
| 54 ÷ 6 = ____ | 24 ÷ 6 = ____ |
| 60 ÷ 6 = ____ | 18 ÷ 6 = ____ |
| 66 ÷ 6 = ____ | 12 ÷ 6 = ____ |
| 72 ÷ 6 = ____ | 6 ÷ 6 = ____ |

# EXERCISE #14

### • 6 Divisions Table •

**Step 1:** Complete the exercise below in one session, <u>without stopping</u>
**Step 2:** Check answers using the original *Standard Order* table on page 216
**Step 3:** Once finished <u>say out loud</u> the divisions, with eyes *closed*!

*Note: If you get stuck or get an incorrect answer, review divisions on 'Standard Order' page.*

| | | |
|---|---|---|
| 72 ÷ 6 = ____ | | 6 ÷ 6 = ____ |
| 66 ÷ 6 = ____ | | 12 ÷ 6 = ____ |
| 60 ÷ 6 = ____ | | 18 ÷ 6 = ____ |
| 54 ÷ 6 = ____ | | 24 ÷ 6 = ____ |
| 48 ÷ 6 = ____ | | 30 ÷ 6 = ____ |
| 42 ÷ 6 = ____ | | 36 ÷ 6 = ____ |
| 36 ÷ 6 = ____ | | 42 ÷ 6 = ____ |
| 30 ÷ 6 = ____ | | 48 ÷ 6 = ____ |
| 24 ÷ 6 = ____ | | 54 ÷ 6 = ____ |
| 18 ÷ 6 = ____ | | 60 ÷ 6 = ____ |
| 12 ÷ 6 = ____ | | 66 ÷ 6 = ____ |
| 6 ÷ 6 = ____ | | 72 ÷ 6 = ____ |

# EXERCISE #15

### • 6 Divisions Table •

**Step 1:** Complete the exercise below in one session, <u>without stopping</u>
**Step 2:** Check answers using the original *Standard Order* table on page 216
**Step 3:** Once finished <u>say out loud</u> the divisions, with eyes *closed*!

*Note: If you get stuck or get an incorrect answer, review divisions on 'Standard Order' page.*

| | |
|---|---|
| 18 ÷ 6 = \_\_\_\_ | 36 ÷ 6 = \_\_\_\_ |
| 36 ÷ 6 = \_\_\_\_ | 12 ÷ 6 = \_\_\_\_ |
| 66 ÷ 6 = \_\_\_\_ | 60 ÷ 6 = \_\_\_\_ |
| 24 ÷ 6 = \_\_\_\_ | 66 ÷ 6 = \_\_\_\_ |
| 48 ÷ 6 = \_\_\_\_ | 30 ÷ 6 = \_\_\_\_ |
| 60 ÷ 6 = \_\_\_\_ | 54 ÷ 6 = \_\_\_\_ |
| 6 ÷ 6 = \_\_\_\_ | 6 ÷ 6 = \_\_\_\_ |
| 72 ÷ 6 = \_\_\_\_ | 48 ÷ 6 = \_\_\_\_ |
| 12 ÷ 6 = \_\_\_\_ | 42 ÷ 6 = \_\_\_\_ |
| 54 ÷ 6 = \_\_\_\_ | 24 ÷ 6 = \_\_\_\_ |
| 30 ÷ 6 = \_\_\_\_ | 72 ÷ 6 = \_\_\_\_ |
| 42 ÷ 6 = \_\_\_\_ | 18 ÷ 6 = \_\_\_\_ |

# EXERCISE #16

### • 6 Divisions Table •

**Step 1:** Complete the exercise below in one session, <u>without stopping</u>
**Step 2:** Check answers using the original *Standard Order* table on page 216
**Step 3:** Once finished <u>say out loud</u> the divisions, with eyes *closed*!

*Note: If you get stuck or get an incorrect answer, review divisions on 'Standard Order' page.*

| | | |
|---|---|---|
| 6 ÷ 6 = ____ | | 54 ÷ 6 = ____ |
| 66 ÷ 6 = ____ | | 66 ÷ 6 = ____ |
| 30 ÷ 6 = ____ | | 6 ÷ 6 = ____ |
| 42 ÷ 6 = ____ | | 12 ÷ 6 = ____ |
| 60 ÷ 6 = ____ | | 42 ÷ 6 = ____ |
| 18 ÷ 6 = ____ | | 18 ÷ 6 = ____ |
| 12 ÷ 6 = ____ | | 36 ÷ 6 = ____ |
| 54 ÷ 6 = ____ | | 30 ÷ 6 = ____ |
| 48 ÷ 6 = ____ | | 48 ÷ 6 = ____ |
| 72 ÷ 6 = ____ | | 60 ÷ 6 = ____ |
| 36 ÷ 6 = ____ | | 24 ÷ 6 = ____ |
| 24 ÷ 6 = ____ | | 72 ÷ 6 = ____ |

# EXERCISE #17

### • 6 Divisions Table •

**Step 1:** Complete the exercise below in one session, <u>without stopping</u>
**Step 2:** Check answers using the original *Standard Order* table on page 216
**Step 3:** Once finished <u>say out loud</u> the divisions, with eyes *closed*!

*Note: If you get stuck or get an incorrect answer, review divisions on 'Standard Order' page.*

| | | |
|---|---|---|
| 12 ÷ 6 = \_\_\_\_ | 60 ÷ 6 = \_\_\_\_ |
| 24 ÷ 6 = \_\_\_\_ | 30 ÷ 6 = \_\_\_\_ |
| 6 ÷ 6 = \_\_\_\_ | 42 ÷ 6 = \_\_\_\_ |
| 48 ÷ 6 = \_\_\_\_ | 48 ÷ 6 = \_\_\_\_ |
| 54 ÷ 6 = \_\_\_\_ | 66 ÷ 6 = \_\_\_\_ |
| 72 ÷ 6 = \_\_\_\_ | 6 ÷ 6 = \_\_\_\_ |
| 18 ÷ 6 = \_\_\_\_ | 72 ÷ 6 = \_\_\_\_ |
| 36 ÷ 6 = \_\_\_\_ | 12 ÷ 6 = \_\_\_\_ |
| 60 ÷ 6 = \_\_\_\_ | 24 ÷ 6 = \_\_\_\_ |
| 66 ÷ 6 = \_\_\_\_ | 36 ÷ 6 = \_\_\_\_ |
| 30 ÷ 6 = \_\_\_\_ | 18 ÷ 6 = \_\_\_\_ |
| 42 ÷ 6 = \_\_\_\_ | 54 ÷ 6 = \_\_\_\_ |

# EXERCISE #18

### • 6 Divisions Table •

**Step 1:** Complete the exercise below in one session, <u>without stopping</u>
**Step 2:** Check answers using the original *Standard Order* table on page 216
**Step 3:** Once finished <u>say out loud</u> the divisions, with eyes *closed*!

*Note: If you get stuck or get an incorrect answer, review divisions on 'Standard Order' page.*

| | | |
|---|---|---|
| 66 ÷ 6 = \_\_\_\_ | 30 ÷ 6 = \_\_\_\_ |
| 72 ÷ 6 = \_\_\_\_ | 54 ÷ 6 = \_\_\_\_ |
| 30 ÷ 6 = \_\_\_\_ | 72 ÷ 6 = \_\_\_\_ |
| 60 ÷ 6 = \_\_\_\_ | 42 ÷ 6 = \_\_\_\_ |
| 42 ÷ 6 = \_\_\_\_ | 12 ÷ 6 = \_\_\_\_ |
| 6 ÷ 6 = \_\_\_\_ | 18 ÷ 6 = \_\_\_\_ |
| 36 ÷ 6 = \_\_\_\_ | 6 ÷ 6 = \_\_\_\_ |
| 54 ÷ 6 = \_\_\_\_ | 36 ÷ 6 = \_\_\_\_ |
| 24 ÷ 6 = \_\_\_\_ | 60 ÷ 6 = \_\_\_\_ |
| 48 ÷ 6 = \_\_\_\_ | 48 ÷ 6 = \_\_\_\_ |
| 12 ÷ 6 = \_\_\_\_ | 24 ÷ 6 = \_\_\_\_ |
| 18 ÷ 6 = \_\_\_\_ | 66 ÷ 6 = \_\_\_\_ |

Times Tables (Book 1): Comprehensive Memorisation Program with Exercises

# STOP!

Now, <u>read out loud</u> the divisions below – *Repeat* three times

| | | | | |
|---|---|---|---|---|
| 6 | ÷ | 6 | = | 1 |
| 12 | ÷ | 6 | = | 2 |
| 18 | ÷ | 6 | = | 3 |
| 24 | ÷ | 6 | = | 4 |
| 30 | ÷ | 6 | = | 5 |
| 36 | ÷ | 6 | = | 6 |
| 42 | ÷ | 6 | = | 7 |
| 48 | ÷ | 6 | = | 8 |
| 54 | ÷ | 6 | = | 9 |
| 60 | ÷ | 6 | = | 10 |
| 66 | ÷ | 6 | = | 11 |
| 72 | ÷ | 6 | = | 12 |

# 6

Now, <u>read out loud</u> the **reverse** divisions below – *Repeat three times*

| | | | | |
|---|---|---|---|---|
| **72** | ÷ | 6 | = | 12 |
| **66** | ÷ | 6 | = | 11 |
| **60** | ÷ | 6 | = | 10 |
| **54** | ÷ | 6 | = | 9 |
| **48** | ÷ | 6 | = | 8 |
| **42** | ÷ | 6 | = | 7 |
| **36** | ÷ | 6 | = | 6 |
| **30** | ÷ | 6 | = | 5 |
| **24** | ÷ | 6 | = | 4 |
| **18** | ÷ | 6 | = | 3 |
| **12** | ÷ | 6 | = | 2 |
| **6** | ÷ | 6 | = | 1 |

# EXERCISE #19

## • 6 Divisions Table •

**Step 1:** Complete the exercise below in one session, <u>without stopping</u>
**Step 2:** Check answers using the original *Standard Order* table on page 216
**Step 3:** Once finished <u>say out loud</u> the divisions, with eyes *closed*!

*Note: If you get stuck or get an incorrect answer, review divisions on 'Standard Order' page.*

| | |
|---|---|
| 6 ÷ 6 = ____ | 72 ÷ 6 = ____ |
| 12 ÷ 6 = ____ | 66 ÷ 6 = ____ |
| 18 ÷ 6 = ____ | 60 ÷ 6 = ____ |
| 24 ÷ 6 = ____ | 54 ÷ 6 = ____ |
| 30 ÷ 6 = ____ | 48 ÷ 6 = ____ |
| 36 ÷ 6 = ____ | 42 ÷ 6 = ____ |
| 42 ÷ 6 = ____ | 36 ÷ 6 = ____ |
| 48 ÷ 6 = ____ | 30 ÷ 6 = ____ |
| 54 ÷ 6 = ____ | 24 ÷ 6 = ____ |
| 60 ÷ 6 = ____ | 18 ÷ 6 = ____ |
| 66 ÷ 6 = ____ | 12 ÷ 6 = ____ |
| 72 ÷ 6 = ____ | 6 ÷ 6 = ____ |

# EXERCISE #20

### • 6 Divisions Table •

**Step 1:** Complete the exercise below in one session, <u>without stopping</u>
**Step 2:** Check answers using the original *Standard Order* table on page 216
**Step 3:** Once finished <u>say out loud</u> the divisions, with eyes *closed*!

*Note: If you get stuck or get an incorrect answer, review divisions on 'Standard Order' page.*

| | | |
|---|---|---|
| 72 ÷ 6 = ____ | 6 ÷ 6 = ____ |
| 66 ÷ 6 = ____ | 12 ÷ 6 = ____ |
| 60 ÷ 6 = ____ | 18 ÷ 6 = ____ |
| 54 ÷ 6 = ____ | 24 ÷ 6 = ____ |
| 48 ÷ 6 = ____ | 30 ÷ 6 = ____ |
| 42 ÷ 6 = ____ | 36 ÷ 6 = ____ |
| 36 ÷ 6 = ____ | 42 ÷ 6 = ____ |
| 30 ÷ 6 = ____ | 48 ÷ 6 = ____ |
| 24 ÷ 6 = ____ | 54 ÷ 6 = ____ |
| 18 ÷ 6 = ____ | 60 ÷ 6 = ____ |
| 12 ÷ 6 = ____ | 66 ÷ 6 = ____ |
| 6 ÷ 6 = ____ | 72 ÷ 6 = ____ |

# EXERCISE # 21

### • 6 Divisions Table •

**Step 1:** Complete the exercise below in one session, <u>without stopping</u>
**Step 2:** Check answers using the original *Standard Order* table on page 216
**Step 3:** Once finished <u>say out loud</u> the divisions, with eyes *closed*!

*Note: If you get stuck or get an incorrect answer, review divisions on 'Standard Order' page.*

| | |
|---|---|
| 54 ÷ 6 = ____ | 48 ÷ 6 = ____ |
| 72 ÷ 6 = ____ | 18 ÷ 6 = ____ |
| 48 ÷ 6 = ____ | 60 ÷ 6 = ____ |
| 42 ÷ 6 = ____ | 6 ÷ 6 = ____ |
| 30 ÷ 6 = ____ | 72 ÷ 6 = ____ |
| 6 ÷ 6 = ____ | 24 ÷ 6 = ____ |
| 12 ÷ 6 = ____ | 30 ÷ 6 = ____ |
| 36 ÷ 6 = ____ | 42 ÷ 6 = ____ |
| 66 ÷ 6 = ____ | 12 ÷ 6 = ____ |
| 24 ÷ 6 = ____ | 36 ÷ 6 = ____ |
| 18 ÷ 6 = ____ | 66 ÷ 6 = ____ |
| 60 ÷ 6 = ____ | 54 ÷ 6 = ____ |

# EXERCISE #22

### • 6 Divisions Table •

**Step 1:** Complete the exercise below in one session, <u>without stopping</u>
**Step 2:** Check answers using the original *Standard Order* table on page 216
**Step 3:** Once finished <u>say out loud</u> the divisions, with eyes *closed*!

*Note: If you get stuck or get an incorrect answer, review divisions on 'Standard Order' page.*

| | | |
|---|---|---|
| 24 ÷ 6 = \_\_\_\_ | | 12 ÷ 6 = \_\_\_\_ |
| 54 ÷ 6 = \_\_\_\_ | | 24 ÷ 6 = \_\_\_\_ |
| 12 ÷ 6 = \_\_\_\_ | | 48 ÷ 6 = \_\_\_\_ |
| 72 ÷ 6 = \_\_\_\_ | | 42 ÷ 6 = \_\_\_\_ |
| 36 ÷ 6 = \_\_\_\_ | | 18 ÷ 6 = \_\_\_\_ |
| 6 ÷ 6 = \_\_\_\_ | | 30 ÷ 6 = \_\_\_\_ |
| 42 ÷ 6 = \_\_\_\_ | | 36 ÷ 6 = \_\_\_\_ |
| 60 ÷ 6 = \_\_\_\_ | | 66 ÷ 6 = \_\_\_\_ |
| 18 ÷ 6 = \_\_\_\_ | | 54 ÷ 6 = \_\_\_\_ |
| 30 ÷ 6 = \_\_\_\_ | | 6 ÷ 6 = \_\_\_\_ |
| 66 ÷ 6 = \_\_\_\_ | | 60 ÷ 6 = \_\_\_\_ |
| 48 ÷ 6 = \_\_\_\_ | | 72 ÷ 6 = \_\_\_\_ |

# EXERCISE #23

### • 6 Divisions Table •

**Step 1:** Complete the exercise below in one session, <u>without stopping</u>
**Step 2:** Check answers using the original *Standard Order* table on page 216
**Step 3:** Once finished <u>say out loud</u> the divisions, with eyes *closed*!

*Note: If you get stuck or get an incorrect answer, review divisions on 'Standard Order' page.*

| | | |
|---|---|---|
| 42 ÷ 6 = ____ | 72 ÷ 6 = ____ |
| 54 ÷ 6 = ____ | 18 ÷ 6 = ____ |
| 18 ÷ 6 = ____ | 24 ÷ 6 = ____ |
| 30 ÷ 6 = ____ | 30 ÷ 6 = ____ |
| 36 ÷ 6 = ____ | 42 ÷ 6 = ____ |
| 60 ÷ 6 = ____ | 36 ÷ 6 = ____ |
| 24 ÷ 6 = ____ | 6 ÷ 6 = ____ |
| 6 ÷ 6 = ____ | 60 ÷ 6 = ____ |
| 48 ÷ 6 = ____ | 12 ÷ 6 = ____ |
| 12 ÷ 6 = ____ | 54 ÷ 6 = ____ |
| 66 ÷ 6 = ____ | 66 ÷ 6 = ____ |
| 72 ÷ 6 = ____ | 48 ÷ 6 = ____ |

# EXERCISE #24

### • 6 Divisions Table •

**Step 1:** Complete the exercise below in one session, <u>without stopping</u>
**Step 2:** Check answers using the original *Standard Order* table on page 216
**Step 3:** Once finished <u>say out loud</u> the divisions, with eyes *closed*!

*Note: If you get stuck or get an incorrect answer, review divisions on 'Standard Order' page.*

| | | |
|---|---|---|
| 6 ÷ 6 = \_\_\_\_ | | 30 ÷ 6 = \_\_\_\_ |
| 72 ÷ 6 = \_\_\_\_ | | 42 ÷ 6 = \_\_\_\_ |
| 30 ÷ 6 = \_\_\_\_ | | 24 ÷ 6 = \_\_\_\_ |
| 24 ÷ 6 = \_\_\_\_ | | 72 ÷ 6 = \_\_\_\_ |
| 66 ÷ 6 = \_\_\_\_ | | 60 ÷ 6 = \_\_\_\_ |
| 42 ÷ 6 = \_\_\_\_ | | 18 ÷ 6 = \_\_\_\_ |
| 54 ÷ 6 = \_\_\_\_ | | 48 ÷ 6 = \_\_\_\_ |
| 48 ÷ 6 = \_\_\_\_ | | 54 ÷ 6 = \_\_\_\_ |
| 60 ÷ 6 = \_\_\_\_ | | 12 ÷ 6 = \_\_\_\_ |
| 36 ÷ 6 = \_\_\_\_ | | 66 ÷ 6 = \_\_\_\_ |
| 18 ÷ 6 = \_\_\_\_ | | 36 ÷ 6 = \_\_\_\_ |
| 12 ÷ 6 = \_\_\_\_ | | 6 ÷ 6 = \_\_\_\_ |

Times Tables (Book 1): Comprehensive Memorisation Program with Exercises

# EXERCISE #25

## • 6 Multiplications & Divisions •

**Step 1:** Complete the exercise below in one session, <u>without stopping</u>
**Step 2:** Check answers using the original *Standard Order* table on pages 200 & 216

*Note: If you get stuck or get an incorrect answer, review table on 'Standard Order' pages.*

| | | |
|---|---|---|
| 6 x 9 = \_\_\_\_ | | 6 x 2 = \_\_\_\_ |
| 6 ÷ 6 = \_\_\_\_ | | 36 ÷ 6 = \_\_\_\_ |
| 6 x 1 = \_\_\_\_ | | 30 ÷ 6 = \_\_\_\_ |
| 6 x 8 = \_\_\_\_ | | 66 ÷ 6 = \_\_\_\_ |
| 6 x 3 = \_\_\_\_ | | 60 ÷ 6 = \_\_\_\_ |
| 6 x 10 = \_\_\_\_ | | 48 ÷ 6 = \_\_\_\_ |
| 6 x 11 = \_\_\_\_ | | 72 ÷ 6 = \_\_\_\_ |
| 6 x 4 = \_\_\_\_ | | 6 x 12 = \_\_\_\_ |
| 42 ÷ 6 = \_\_\_\_ | | 6 x 7 = \_\_\_\_ |
| 12 ÷ 6 = \_\_\_\_ | | 6 x 5 = \_\_\_\_ |
| 54 ÷ 6 = \_\_\_\_ | | 6 x 6 = \_\_\_\_ |
| 24 ÷ 6 = \_\_\_\_ | | 18 ÷ 6 = \_\_\_\_ |

# EXERCISE #26

### • 6 Multiplications & Divisions •

**Step 1:** Complete the exercise below in one session, without stopping
**Step 2:** Check answers using the original *Standard Order* table on pages 200 & 216

*Note: If you get stuck or get an incorrect answer, review table on 'Standard Order' pages.*

| | | |
|---|---|---|
| 6 x 5 = \_\_\_\_ | 6 x 7 = \_\_\_\_ |
| 6 x 2 = \_\_\_\_ | 66 ÷ 6 = \_\_\_\_ |
| 6 ÷ 6 = \_\_\_\_ | 60 ÷ 6 = \_\_\_\_ |
| 72 ÷ 6 = \_\_\_\_ | 42 ÷ 6 = \_\_\_\_ |
| 54 ÷ 6 = \_\_\_\_ | 6 x 1 = \_\_\_\_ |
| 48 ÷ 6 = \_\_\_\_ | 6 x 11 = \_\_\_\_ |
| 6 x 4 = \_\_\_\_ | 6 x 8 = \_\_\_\_ |
| 6 x 10 = \_\_\_\_ | 18 ÷ 6 = \_\_\_\_ |
| 36 ÷ 6 = \_\_\_\_ | 6 x 12 = \_\_\_\_ |
| 6 x 6 = \_\_\_\_ | 6 x 9 = \_\_\_\_ |
| 30 ÷ 6 = \_\_\_\_ | 6 x 3 = \_\_\_\_ |
| 12 ÷ 6 = \_\_\_\_ | 24 ÷ 6 = \_\_\_\_ |

Times Tables (Book 1): Comprehensive Memorisation Program with Exercises

# EXERCISE #27

### • 6 Multiplications & Divisions •

**Step 1:** Complete the exercise below in one session, <u>without stopping</u>
**Step 2:** Check answers using the original *Standard Order* table on pages 200 & 216

*Note: If you get stuck or get an incorrect answer, review table on 'Standard Order' pages.*

| | | |
|---|---|---|
| 6 x 9 = ____ | | 6 x 7 = ____ |
| 6 x 10 = ____ | | 6 x 8 = ____ |
| 6 x 6 = ____ | | 6 x 3 = ____ |
| 30 ÷ 6 = ____ | | 12 ÷ 6 = ____ |
| 54 ÷ 6 = ____ | | 6 x 2 = ____ |
| 6 x 12 = ____ | | 6 x 11 = ____ |
| 42 ÷ 6 = ____ | | 72 ÷ 6 = ____ |
| 6 ÷ 6 = ____ | | 24 ÷ 6 = ____ |
| 6 x 1 = ____ | | 60 ÷ 6 = ____ |
| 18 ÷ 6 = ____ | | 36 ÷ 6 = ____ |
| 6 x 5 = ____ | | 6 x 4 = ____ |
| 66 ÷ 6 = ____ | | 48 ÷ 6 = ____ |

# EXERCISE #28

### • 6 Multiplications & Divisions •

**Step 1:** Complete the exercise below in one session, <u>without stopping</u>
**Step 2:** Check answers using the original *Standard Order* table on pages 200 & 216

*Note: If you get stuck or get an incorrect answer, review table on 'Standard Order' pages.*

| | | |
|---|---|---|
| 6 x 7 = \_\_\_\_ | | 6 x 10 = \_\_\_\_ |
| 6 x 8 = \_\_\_\_ | | 6 ÷ 6 = \_\_\_\_ |
| 6 x 3 = \_\_\_\_ | | 72 ÷ 6 = \_\_\_\_ |
| 12 ÷ 6 = \_\_\_\_ | | 6 x 4 = \_\_\_\_ |
| 6 x 2 = \_\_\_\_ | | 48 ÷ 6 = \_\_\_\_ |
| 6 x 11 = \_\_\_\_ | | 6 x 1 = \_\_\_\_ |
| 72 ÷ 6 = \_\_\_\_ | | 42 ÷ 6 = \_\_\_\_ |
| 24 ÷ 6 = \_\_\_\_ | | 30 ÷ 6 = \_\_\_\_ |
| 60 ÷ 6 = \_\_\_\_ | | 6 x 7 = \_\_\_\_ |
| 36 ÷ 6 = \_\_\_\_ | | 36 ÷ 6 = \_\_\_\_ |
| 6 x 4 = \_\_\_\_ | | 6 x 8 = \_\_\_\_ |
| 48 ÷ 6 = \_\_\_\_ | | 54 ÷ 6 = \_\_\_\_ |

Times Tables (Book 1): Comprehensive Memorisation Program with Exercises

# CONGRATULATIONS!

You have learnt your
**6** multiplications and divisions!

———————————————
Date

*Now let's revise!*

# Tables 1 – 6

## Review Exercises

# REVIEW EXERCISES #1

### • 1 – 6 Multiplications & Divisions •

**Step 1:** Complete the exercise below in one session, <u>without stopping</u>
**Step 2:** Check answers using the original *Standard Order* tables

*Note: If you get stuck or get an incorrect answer, review table on 'Standard Order' pages.*

| | |
|---|---|
| 21 ÷ 3 = \_\_\_\_ | 11 ÷ 11 = \_\_\_\_ |
| 15 ÷ 5 = \_\_\_\_ | 1 x 11 = \_\_\_\_ |
| 8 ÷ 2 = \_\_\_\_ | 4 x 6 = \_\_\_\_ |
| 2 ÷ 2 = \_\_\_\_ | 6 x 7 = \_\_\_\_ |
| 10 ÷ 2 = \_\_\_\_ | 1 x 5 = \_\_\_\_ |
| 16 ÷ 4 = \_\_\_\_ | 5 x 2 = \_\_\_\_ |
| 6 ÷ 2 = \_\_\_\_ | 4 x 5 = \_\_\_\_ |
| 4 x 1 = \_\_\_\_ | 1 x 4 = \_\_\_\_ |
| 2 x 10 = \_\_\_\_ | 48 ÷ 6 = \_\_\_\_ |
| 12 ÷ 12 = \_\_\_\_ | 12 ÷ 2 = \_\_\_\_ |
| 3 ÷ 3 = \_\_\_\_ | 4 x 12 = \_\_\_\_ |
| 3 x 1 = \_\_\_\_ | 2 x 12 = \_\_\_\_ |

# REVIEW EXERCISES #2

### • 1 – 6 Multiplications & Divisions •

**Step 1:** Complete the exercise below in one session, <u>without stopping</u>
**Step 2:** Check answers using the original *Standard Order* tables

*Note: If you get stuck or get an incorrect answer, review table on 'Standard Order' pages.*

| | | |
|---|---|---|
| 16 ÷ 2 = \_\_\_\_ | | 60 ÷ 5 = \_\_\_\_ |
| 22 ÷ 2 = \_\_\_\_ | | 1 x 6 = \_\_\_\_ |
| 12 ÷ 4 = \_\_\_\_ | | 1 x 3 = \_\_\_\_ |
| 5 x 5 = \_\_\_\_ | | 5 x 4 = \_\_\_\_ |
| 6 ÷ 6 = \_\_\_\_ | | 5 x 11 = \_\_\_\_ |
| 24 ÷ 2 = \_\_\_\_ | | 6 ÷ 3 = \_\_\_\_ |
| 3 x 2 = \_\_\_\_ | | 6 x 10 = \_\_\_\_ |
| 30 ÷ 3 = \_\_\_\_ | | 30 ÷ 6 = \_\_\_\_ |
| 25 ÷ 5 = \_\_\_\_ | | 44 ÷ 4 = \_\_\_\_ |
| 2 x 2 = \_\_\_\_ | | 4 x 11 = \_\_\_\_ |
| 3 ÷ 3 = \_\_\_\_ | | 3 x 12 = \_\_\_\_ |
| 1 x 1 = \_\_\_\_ | | 18 ÷ 2 = \_\_\_\_ |

Times Tables (Book 1): Comprehensive Memorisation Program with Exercises

# REVIEW EXERCISES #3

## • 1 – 6 Multiplications & Divisions •

**Step 1:** Complete the exercise below in one session, <u>without stopping</u>
**Step 2:** Check answers using the original *Standard Order* tables

*Note: If you get stuck or get an incorrect answer, review table on 'Standard Order' pages.*

| | |
|---|---|
| 3 x 7 = ____ | 5 ÷ 5 = ____ |
| 5 x 6 = ____ | 4 ÷ 4 = ____ |
| 10 ÷ 5 = ____ | 5 x 3 = ____ |
| 6 ÷ 6 = ____ | 5 x 9 = ____ |
| 4 x 7 = ____ | 1 ÷ 1 = ____ |
| 5 ÷ 5 = ____ | 2 x 1 = ____ |
| 4 x 10 = ____ | 4 ÷ 4 = ____ |
| 3 x 11 = ____ | 4 x 2 = ____ |
| 45 ÷ 5 = ____ | 9 ÷ 9 = ____ |
| 8 ÷ 4 = ____ | 3 x 10 = ____ |
| 5 x 1 = ____ | 36 ÷ 4 = ____ |
| 4 ÷ 2 = ____ | 1 x 10 = ____ |

# REVIEW EXERCISES #4

### • 1 – 6 Multiplications & Divisions •

**Step 1:** Complete the exercise below in one session, <u>without stopping</u>
**Step 2:** Check answers using the original *Standard Order* tables

*Note: If you get stuck or get an incorrect answer, review table on 'Standard Order' pages.*

| | | |
|---|---|---|
| 2 × 5 = ____ | 40 ÷ 4 = ____ |
| 3 × 9 = ____ | 6 × 7 = ____ |
| 3 × 5 = ____ | 12 ÷ 3 = ____ |
| 54 ÷ 6 = ____ | 1 × 9 = ____ |
| 5 × 10 = ____ | 4 × 9 = ____ |
| 6 × 10 = ____ | 4 × 4 = ____ |
| 2 × 4 = ____ | 4 × 8 = ____ |
| 32 ÷ 4 = ____ | 2 × 6 = ____ |
| 6 × 1 = ____ | 2 × 11 = ____ |
| 5 × 8 = ____ | 50 ÷ 5 = ____ |
| 4 × 3 = ____ | 30 ÷ 6 = ____ |
| 20 ÷ 4 = ____ | 28 ÷ 4 = ____ |

# REVIEW EXERCISES #5

### • 1 – 6 Multiplications & Divisions •

**Step 1:** Complete the exercise below in one session, <u>without stopping</u>
**Step 2:** Check answers using the original *Standard Order* tables

*Note: If you get stuck or get an incorrect answer, review table on 'Standard Order' pages.*

| | |
|---|---|
| 18 ÷ 3 = \_\_\_\_ | 6 x 8 = \_\_\_\_ |
| 20 ÷ 5 = \_\_\_\_ | 1 x 7 = \_\_\_\_ |
| 2 ÷ 2 = \_\_\_\_ | 48 ÷ 6 = \_\_\_\_ |
| 36 ÷ 3 = \_\_\_\_ | 24 ÷ 4 = \_\_\_\_ |
| 55 ÷ 5 = \_\_\_\_ | 3 x 6 = \_\_\_\_ |
| 72 ÷ 6 = \_\_\_\_ | 7 ÷ 7 = \_\_\_\_ |
| 1 x 8 = \_\_\_\_ | 1 x 2 = \_\_\_\_ |
| 6 ÷ 6 = \_\_\_\_ | 35 ÷ 5 = \_\_\_\_ |
| 24 ÷ 3 = \_\_\_\_ | 5 x 12 = \_\_\_\_ |
| 15 ÷ 3 = \_\_\_\_ | 40 ÷ 5 = \_\_\_\_ |
| 33 ÷ 3 = \_\_\_\_ | 3 x 4 = \_\_\_\_ |
| 2 x 7 = \_\_\_\_ | 8 ÷ 8 = \_\_\_\_ |

# REVIEW EXERCISES #6

### • 1 – 6 Multiplications & Divisions •

**Step 1:** Complete the exercise below in one session, <u>without stopping</u>
**Step 2:** Check answers using the original *Standard Order* tables

*Note: If you get stuck or get an incorrect answer, review table on 'Standard Order' pages.*

| | | |
|---|---|---|
| 42 ÷ 6 = \_\_\_\_ | 3 x 3 = \_\_\_\_ |
| 54 ÷ 6 = \_\_\_\_ | 6 x 4 = \_\_\_\_ |
| 6 x 4 = \_\_\_\_ | 36 ÷ 6 = \_\_\_\_ |
| 3 x 8 = \_\_\_\_ | 27 ÷ 3 = \_\_\_\_ |
| 5 x 7 = \_\_\_\_ | 42 ÷ 6 = \_\_\_\_ |
| 2 x 9 = \_\_\_\_ | 72 ÷ 6 = \_\_\_\_ |
| 48 ÷ 4 = \_\_\_\_ | 10 ÷ 10 = \_\_\_\_ |
| 14 ÷ 2 = \_\_\_\_ | 1 x 12 = \_\_\_\_ |
| 2 x 3 = \_\_\_\_ | 30 ÷ 5 = \_\_\_\_ |
| 20 ÷ 2 = \_\_\_\_ | 2 x 8 = \_\_\_\_ |
| 36 ÷ 6 = \_\_\_\_ | 6 x 8 = \_\_\_\_ |
| 6 x 1 = \_\_\_\_ | 9 ÷ 3 = \_\_\_\_ |

Times Tables (Book 1): Comprehensive Memorisation Program with Exercises

# CONGRATULATIONS!

You have learnt your
**1 through to 6** multiplications and divisions!

_____
Date

*Now you are ready to go to*

## Book 2

**Available for purchase online**

www.lifelongeducation.com.au

# Appendix

# TIMES TABLES
**1 – 2**

| | | | | |
|---|---|---|---|---|
| **1** | x | 1 | = | **1** |
| **1** | x | 2 | = | **2** |
| **1** | x | 3 | = | **3** |
| **1** | x | 4 | = | **4** |
| **1** | x | 5 | = | **5** |
| **1** | x | 6 | = | **6** |
| **1** | x | 7 | = | **7** |
| **1** | x | 8 | = | **8** |
| **1** | x | 9 | = | **9** |
| **1** | x | 10 | = | **10** |
| **1** | x | 11 | = | **11** |
| **11** | x | 12 | = | **12** |

| | | | | |
|---|---|---|---|---|
| 2 | x | 1 | = | **2** |
| 2 | x | 2 | = | **4** |
| 2 | x | 3 | = | **6** |
| 2 | x | 4 | = | **8** |
| 2 | x | 5 | = | **10** |
| 2 | x | 6 | = | **12** |
| 2 | x | 7 | = | **14** |
| 2 | x | 8 | = | **16** |
| 2 | x | 9 | = | **18** |
| 2 | x | 10 | = | **20** |
| 2 | x | 11 | = | **22** |
| 2 | x | 12 | = | **24** |

Times Tables (Book 1): Comprehensive Memorisation Program with Exercises

# TIMES TABLES

**• 3 – 4 •**

| | | | | | | | | | | |
|---|---|---|---|---|---|---|---|---|---|---|
| 3 | x | 1 | = | 3 | | 4 | x | 1 | = | 4 |
| 3 | x | 2 | = | 6 | | 4 | x | 2 | = | 8 |
| 3 | x | 3 | = | 9 | | 4 | x | 3 | = | 12 |
| 3 | x | 4 | = | 12 | | 4 | x | 4 | = | 16 |
| 3 | x | 5 | = | 15 | | 4 | x | 5 | = | 20 |
| 3 | x | 6 | = | 18 | | 4 | x | 6 | = | 24 |
| 3 | x | 7 | = | 21 | | 4 | x | 7 | = | 28 |
| 3 | x | 8 | = | 24 | | 4 | x | 8 | = | 32 |
| 3 | x | 9 | = | 27 | | 4 | x | 9 | = | 36 |
| 3 | x | 10 | = | 30 | | 4 | x | 10 | = | 40 |
| 3 | x | 11 | = | 33 | | 4 | x | 11 | = | 44 |
| 3 | x | 12 | = | 36 | | 4 | x | 12 | = | 48 |

# TIMES TABLES
### • 5 – 6 •

| | | | | | | | | | | |
|---|---|---|---|---|---|---|---|---|---|---|
| 5 | x | 1 | = | **5** | | 6 | x | 1 | = | **6** |
| 5 | x | 2 | = | **10** | | 6 | x | 2 | = | **12** |
| 5 | x | 3 | = | **15** | | 6 | x | 3 | = | **18** |
| 5 | x | 4 | = | **20** | | 6 | x | 4 | = | **24** |
| 5 | x | 5 | = | **25** | | 6 | x | 5 | = | **30** |
| 5 | x | 6 | = | **30** | | 6 | x | 6 | = | **36** |
| 5 | x | 7 | = | **35** | | 6 | x | 7 | = | **42** |
| 5 | x | 8 | = | **40** | | 6 | x | 8 | = | **48** |
| 5 | x | 9 | = | **45** | | 6 | x | 9 | = | **54** |
| 5 | x | 10 | = | **50** | | 6 | x | 10 | = | **60** |
| 5 | x | 11 | = | **55** | | 6 | x | 11 | = | **66** |
| 5 | x | 12 | = | **60** | | 6 | x | 12 | = | **72** |

www.ingramcontent.com/pod-product-compliance
Lightning Source LLC
Chambersburg PA
CBHW081347160426
43200CB00013B/2703